윤활관리기술

최부희 저

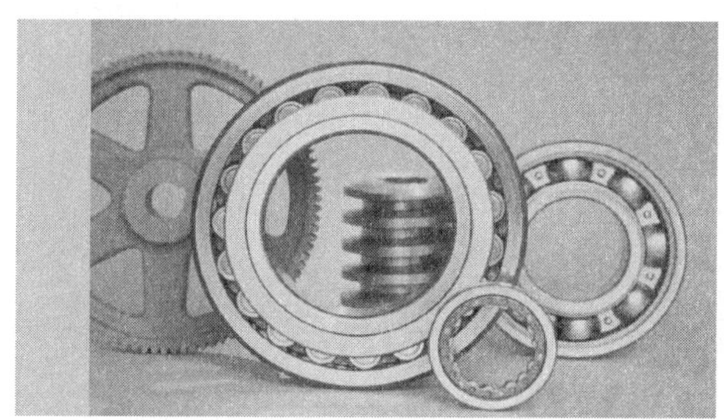

일진사

∽ 머 리 말 ∽

  이 책은 대학에서 윤활공학이나 트라이볼러지를 공부하는 학생들의 교재나 참고용 교재로 활용할 수 있도록 가능한 현장성 있는 내용으로 쉽고 간결하게 구성하였다. 또한, 최근 각광받고 있는 설비보전기사, 기계정비산업기사 및 설비보전기능사의 필기과목 및 실기과목의 출제기준에 맞춰 편찬하였다.

  윤활관리기술의 목적은 기계의 올바른 윤활과 정기적인 점검을 통하여 제반고장이나 성능 저하를 없애고, 기계나 설비의 완전 운전을 도모함으로써 생산성 향상 및 생산비 절감에 기여함에 있다. 현재 공작기계를 비롯하여 각종 산업기계는 고도화되고 있으며 이에 수반하는 윤활제에 대한 요구도 한층 높아져서 공장에 있어서 윤활관리의 필요성이 절실히 요구되고 있다. 따라서 기계설비에 대한 효율적인 윤활관리는 설비의 수명 증대와 생산성 향상에 크게 기여하게 된다.

  이 책은 본문을 8장으로 분류하여 구성하였다. 제1장~제4장은 윤활관리의 개요, 윤활제의 종류와 선정, 윤활제의 급유법과 윤활 기술을 다루었으며, 제5장~제7장은 윤활제의 시험방법, 현장의 윤활관리와 윤활유 분석에 의한 고장진단 기술지침을 다루었다. 끝으로 제8장은 한국쉘석유(주)의 윤활제품의 성상 및 용도를 산업용으로 분류하여 기술하였다.

  이 책의 구체적인 특징은 다음과 같다.
- 윤활 관리의 이론과 윤활제의 시험 방법에 대하여 실무적으로 기술하였다.
- 설비보전분야의 기사, 산업기사, 기능사의 출제기준에 맞춰 구성하였다.
- 각 장별로 주관식 익힘 문제와 객관식 출제예상문제를 다루었다.
- 윤활 용어해설과 자격시험을 위한 핵심이론을 요약하여 수록하였다.
- 설비보전기사, 산업기사 및 기능사의 출제기준을 수록하였다.

  이 책은 저자가 대학에서 윤활관리 이론과 윤활실험 실습을 오랫동안 강의하면서 준비한 강의노트와 많은 윤활 관계자들의 연구 자료와 기술 자료를 체계적으로 정리하여 엮은 것이다. 국내외 훌륭한 선배님들의 주옥같은 많은 서적과 논문을 참고로 인용하였으므로 인용한 문헌의 저자님께 심심한 감사를 드린다. 또한, 저자가 가능한 쉽게 설명하려 하였으나 부족한 점이 많으리라 생각되며 앞으로 윤활관리분야에서 높은 학식과 덕망 있는 선배님들의 아낌없는 충고와 지도편달을 바라며, 끝으로 이 책의 출판에 지원을 아끼지 않으신 도서출판 일진사 관계자 여러분께 깊은 감사를 드린다.

저자 씀

❧ 필기 · 실기 출제 기준 ❧

1. 설비보전기사(필기) 출제 기준

○ 직무 분야 : 기계			○ 자격 종목 : 설비보전기사	
○직무 내용 : 생산 시스템이나 설비(장치)의 설비 보전에 관한 전문적인 지식을 가지고, 생산 설비 등을 최적의 상태로 효율적으로 유지하기 위해 일상 점검 및 정기 점검을 통한 설비 진단을 하고 고장 부위를 정비하거나 유지, 보수, 관리 및 운용 등의 직무 수행				
○ 필기 검정 방법 : 객관식 (100문제)			○ 시험 시간 : 2시간 30분	
필 기 과목명	출 제 문제수	주요 항목	세부 항목	
설비 진단 및 계측	20	1. 설비 진동 및 소음 2. 계측	1. 설비 진단의 개요 2. 진동 및 측정 3. 소음 및 측정 1. 계측기 2. 계측의 자동화	
설비 관리	20	1. 설비 관리 계획 2. 종합적 설비 관리	1. 설비 관리 개론 2. 설비 계획 3. 설비 보전의 계획과 관리 1. 공장 설비 관리 2. 종합적 생산 보전	
기계 일반 및 기계 보전	20	1. 기계 일반 2. 기계 보전	1. 기계요소 제도 2. 기계 공작법 1. 보전의 개요 2. 기계요소 보전 3. 기계 장치 보전	
윤활 관리	20	1. 윤활 관리의 기초 2. 윤활 방법과 시험 3. 현장 윤활	1. 윤활 관리의 개요 2. 윤활제의 선정 1. 윤활 급유법 2. 윤활 기술 3. 윤활제의 시험 방법 1. 윤활 개소의 윤활 관리	
공유압 및 자동화	20	1. 공유압 2. 자동화	1. 공유압의 개요 2. 유압 기기 3. 공압 기기 4. 공유압 기호 및 회로 1. 자동화 시스템의 개요 2. 자동화 시스템의 보전	

2. 설비보전기사(실기) 출제 기준

○ 직무 분야 : 기계		○ 자격 종목 : 설비 보전 기사
○ 직무내용 : 생산 시스템이나 설비(장치)의 설비 보전에 관한 전문적인 지식을 가지고, 생산설비 등을 최적의 상태로 효율적으로 유지하기 위해 일상 점검 및 정기 점검을 통한 설비 진단을 하고 고장 부위를 정비하거나 유지, 보수, 관리 및 운용 등의 직무 수행		
○ 실기 검정 방법 : 작업형		○ 시험 시간 : 3시간 정도
실기 과목명	주요 항목	세부 항목
설비 보전 실무	1. 설비 보전(동영상)	1. 기계요소 보전하기 2. 설비 진단하기 3. 윤활 관리하기
	2. 설비 보전(작업)	1. 설비 구성 작업하기

3. 기계정비산업기사(필기) 출제 기준

○ 직무 분야 : 기계		○ 자격 종목 : 기계정비산업기사
○ 직무 내용 : 설비의 장치 및 기계를 효율적으로 관리하기 위해 일상 및 정기점검을 통해 정비작업 등의 직 수행		
○ 필기 시험 방법(문제수) : 객관식(80문제)		○ 시험 시간 : 2시간

필 기 과목명	출 제 문제수	주요 항목	세부 항목
공유압 및 자동화 시스템	20	1. 공유압	1. 공 · 유압의 개요 2. 유압 기기 3. 공압 기기 4. 공 · 유압 기호 5. 공 · 유압 회로
		2. 자동화 시스템	1. 자동화 시스템의 개요 2. 센서 3. 액추에이터 4. 자동화 시스템 회로 구성 5. 자동화시스템의 보수유지
설비 진단 및 관리	20	1. 설비 진단	1. 설비 진단의 개요 2. 진동 이론 3. 진동 측정 4. 소음 이론과 측정 5. 소음 진동 제어 6. 회전 기계의 진단 7. 윤활 관리 진단

필 기 과목명	출 제 문제수	주요 항목	세부 항목
설비 진단 및 관리		2. 설비 관리	1. 설비 관리 개론 2. 설비 계획 3. 설비 보전의 계획과 관리 4. TPM
공업 계측 및 전기 전자 제어	20	1. 공업 계측	1. 공업 계측의 개요 2. 센서와 신호 변환 3. 공업량의 계측 4. 변환기 5. 조작부 6. 프로세스 제어
		2. 전기 제어	1. 전기 기초 2. 교류 회로 3. 시퀀스 제어
		3. 전자 제어	1. 전자 이론 2. 논리 회로
기계 정비 일반	20	1. 기계 정비용 공기구 및 정비 점검 2. 기계 장치 점검, 정비	1. 정비용 공기구 및 재료 2. 기계요소 점검 및 정비 1. 기계 장치 점검과 정비 2. 펌프 장치 3. 기계의 분해 조립

4. 기계정비산업기사(실기) 출제 기준

○ 직무 분야 : 기계		○ 자격 종목 : 기계정비산업기사	
○ 직무 내용 : 설비의 장치 및 기계를 효율적으로 관리하기 위해 일상 및 정기 점검을 통해 정비 작업 등의 직수행			
○ 실기 검정 방법 : 작업형		○ 시험 시간 : 6시간	
실기 과목명	주요 항목		세부 항목
기계 정비 작업	1. 기계 점검 2. 기계 정비		1. 전자 장치 측정 및 전자 회로 스케치하기 2. 설비 진단하기 1. 공·유압 회로 구성 및 점검하기 2. 기계 요소 스케치 및 기계 정비 작업하기

5. 설비보전기능사(필기) 출제 기준

○ 직무 분야 : 기계	○ 자격 종목 : 설비보전기능사
○ 직무 내용 : 생산 시스템이나 설비(장치)의 설비 보전에 관한 기능적인 지식을 가지고, 생산 설비 등을 최적의 상태로 효율적으로 유지하기 위해 일상 점검 및 정기 점검을 통한 설비 진단을 하고 고장 부위를 정비하거나 유지, 보수, 관리 및 운용 등의 직무 수행	
○ 필기 검정 방법 : 객관식	○ 시험 시간 : 1시간

필 기 과목명	출 제 문제수	주요 항목	세부 항목
기계 보전 일반, 설비 관리, 공유압 일반, 산업 안전	60	1. 기계 보전의 개요	1. 기계 보전에 관한 용어 2. 윤활
		2. 기계 제도	1. 기계 제도
		3. 기계 장치 보전	1. 보전 측정 기구 2. 기계요소 보전 3. 기계 장치 보전
		4. 설비 관리 계획	1. 설비 관리 개론 2. 설비 보전의 계획과 관리
		5. 종합적 설비 관리	1. 공장 설비 관리 2. 종합적 생산 보전
		6. 공압	1. 공유압의 개요 2. 공압 기기 3. 공압 기호 및 회로
		7. 유압	1. 유압 기기 2. 유압 기호 및 회로
		8. 산업 안전	1. 산업 안전의 개요 2. 산업 시설의 안전 3. 가스 및 위험물에 관한 안전 4. 사고 예방 5. 산업 안전 관계 법규

6. 설비보전기능사(실기) 출제 기준

○ 직무 분야 : 기계	○ 자격 종목 : 설비보전기능사
○ 직무 내용 : 생산 시스템이나 설비(장치)의 설비 보전에 관한 기능적인 지식을 가지고, 생산 설비 등을 최적의 상태로 효율적으로 유지하기 위해 일상 점검 및 정기점검을 통한 설비 진단을 하고 고장 부위를 정비하거나 유지, 보수, 관리 및 운용 등의 직무 수행	
○ 실기 검정 방법 : 작업형	○ 시험 시간 : 3시간 정도

실기 과목명	주요 항목	세부 항목
설비 보전 실무	1. 설비 보전(동영상)	1. 설비 진단하기 2. 기계요소 보전하기
	2. 설비 보전(작업)	1. 설비 구성 작업하기 2. 사후 보전 작업하기

❧ 차 례 ❧

제 6 장　현장의 윤활 관리

제 7 장　윤활유 분석에 의한 고장 진단 기술 지침

제8장 윤활 제품의 성상 및 용도

제1장

윤활 관리의 개요

1. 윤활 관리와 설비 보전

1-1 마찰과 윤활의 용어

(1) 트라이볼러지

트라이볼러지(tribology)란 두 개 이상의 물체가 서로 상대 운동을 할 때 물체 표면에서 발생하는 제 과학적 현상으로서, 총체적인 의미로는 '마찰, 마모, 윤활학' 으로 해석된다. 트라이볼러지라는 용어는 '문지르다(rubbing).' 라는 뜻을 가진 그리스어의 'tribos' 에서 유래되어 1966년 영국에서 처음 사용되었으며, 마찰과 마모, 윤활, 신뢰성 및 유지 보수 분야에서 널리 응용되고 있다. 이와 같이 마찰과 마모 및 윤활을 다루는 트라이볼러지 기술은 우리 생활에 많은 영향을 미치고 있다. 예를 들면, 기계 부품의 가공과 광택 기술 등은 마모 기술의 일종이며, 양말과 신발과의 관계라든지 볼트와 너트 사이의 관계는 마찰 기술의 일종이다.

(2) 마 찰

마찰(friction)이란 접촉하고 있는 두 물체가 상대 운동을 하려고 하거나 또는 상대 운동을 하고 있을 때 그 접촉면에서 운동을 방해하려는 저항이 생기는데, 이러한 현상을 '마찰' 이라 하며, 이때의 저항력을 마찰력(frictional force)이라 한다. 마찰의 원인은 서로 인접한 물체 표면의 분자 간 응집력이나 부착력이 움직임을 방해하기 때문이라는 가설이 지배적이다. 이 힘(마찰력)의 크기는 인접한 두 물체의 성질과 표면의 상태에 따라 달라진다. 따라서 설계나 재질 또는 윤활제의 개선을 통하여 마찰을 줄이는 일은 매우 중요하다.

(3) 윤 활

윤활(lubrication)이란 베어링과 같이 두 개의 고체 사이에 상대 운동이 이루어질 때 그 접촉면에 유막(油膜)을 만들어 마찰로 인한 마모나 발열 등을 감소시키는 것을 의미하며, 마찰과 마모를 줄이기 위해 미끄럼면 사이에 삽입하는 다양한 물질을 윤활제(lubricant)라 한다.

자연계는 척추동물의 관절과 점액에 윤활 작용을 하는 활액(滑液)이 진화되면서 적용되어 왔다. 선사 시대에 인간은 수렵용 썰매나 구조용 목재 및 돌을 윤활하기 위해 진흙과 갈대를 사용했으며, 동물성 지방유를 수레 축에 윤활제로 사용하였다. 석유 산업이 일어난 19세기까지 계속해서 널리 사용되었으나 그 후에는 원유(原油)가 윤활제의 주요 원료가 되었으며, 석유 윤활제의 발전으로 산업 및 그 밖의 기계 장치의 속도와 능력을 증가시킬 수 있었다.

1-2 윤활 관리와 설비 보전

기계 설비에 대한 효율적인 윤활 관리는 설비의 수명 증대와 생산성 향상에 크게 기여하게 된다. 이와 같이 생산성을 높이는 기능이 설비 관리이며, 설비에 대하여 경제적으로 설비 보전을 실시하는 기능을 생산 보전이라 한다.

설비 보전이란 설비의 열화 경향을 조사하고 어느 시설의 어느 개소를 수리할 것인가를 예측하며, 필요한 자재와 인원을 준비하여 실시하는 계획적인 보수를 말한다. 즉, 설비 보전이란 설비 열화에 대한 대책이며, 설비를 가장 유효하게 활용함으로써 기업의 생산성을 높이는 것이다.

설비 보전은 일반적으로 생산 보전(PM : Productive Maintenance)으로 통하며, 설비의 설계에서부터 운전 및 보전에 이르기까지 설비의 일생을 통하여 설비 자체의 비용과 보전 등 설비의 운전, 유지에 드는 일체의 비용과 설비의 열화에 의한 손실과의 합계를 적게 하고 기업의 생산성을 높이자는 것이 생산 보전의 기본 개념이다.

생산 보전의 추진 방법에는 예방 보전, 개량 보전, 사후 보전 및 보전 예방이 있다. 그 중 예방 보전이 생산 보전의 추진 방법 중 가장 중요한 보전 방법이다. 생산 보전의 의미에서의 PM 시스템은 예방 보전이 중심을 이루고 있으며 예방 교체를 위한 예방 보전 검사나 정기 수리를 필요로 한다.

(1) 중점 설비 · 개소의 선정

생산 계획에 따라 보전의 목적을 구체적으로 설정하고, 목표를 달성할 수 있도록 설비 보전상의 중점 설비를 선정한다. 중점적인 설비들 중에서도 관리상 필요한 중점 개소를 선정한다.

(2) 설비 보전의 표준 설정

선정된 중점 설비와 중점 개소에 대하여 설비 보전에 필요한 표준을 설정한다. 설비 보전의 직접적 기능으로서는 설비 검사(점검), 설비 정비(일상 보전), 설비 수리(공작)의 세 가지로 대별할 수 있으며, 따라서 설비 보전을 위한 표준 설정에 있어서도 이들의 세 가지로 분류된다.

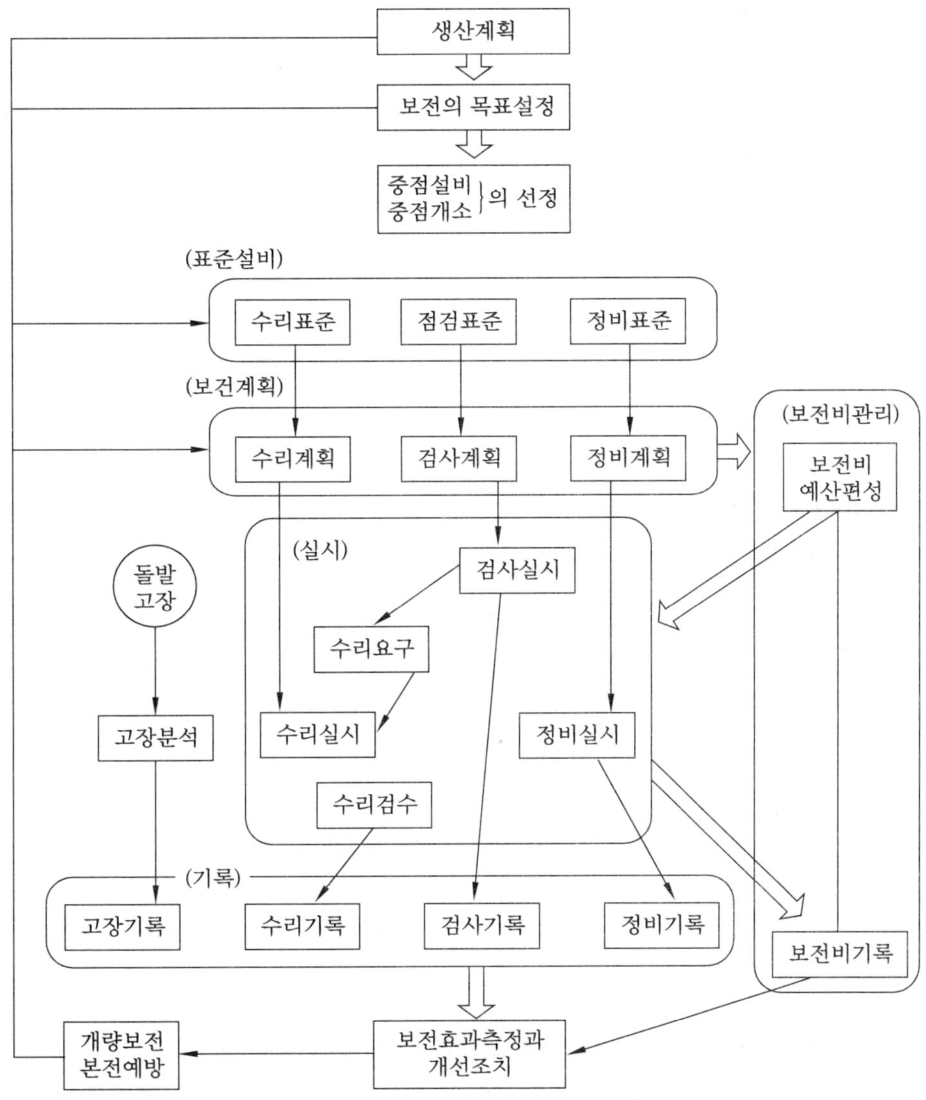

[그림 1-1] 설비 보전 시스템

(3) 설비 보전의 계획

설비 검사, 설비 정비, 설비 수리의 실시에 있어서는 일정 계획, 인원 계획, 자료 계획 등과 같은 계획을 수립하여 이 계획에 따른다.

(4) 설비 보전의 실시

설비의 보전 계획에 의하여 설비 검사, 설비 정비, 설비 수리 등과 같은 보전 활동을 실시하게 되며, 설비 검사의 결과에 따라서 필요로 하는 설비 수리를 요구하여 수리를 실시한다. 또한 돌발 고장에 대한 사후 수리도 실시한다.

(5) 설비 보전의 기록

설비 검사, 설비 정비, 설비 수리 등에 대해서 실시한 결과는 반드시 기록으로서 보존해야 하는 동시에, 돌발적인 고장에 대해서도 그 원인을 구체적으로 조사 분석한 다음에 기록을 해 두어야 한다.

(6) 보전비 관리

보전 계획에 입각해서 보전비에 대한 예산 편성을 하고, 실시 후에는 보전비에 대한 실적을 기록한다. 그리고 예산과 실적을 비교해서 다음 보전 계획에 대한 예산 편성을 좀 더 합리적으로 할 수 있도록 한다.

(7) 보전 효과 측정과 개선 조치

보전 기록에 입각해서 당초의 보전에 대한 목표가 달성되었는지 보전 효과의 측정을 통하여 필요한 조치를 갖춘다. 즉, 고장의 재발 방지를 위한 개량이라든가, 보전을 보다 효과적으로 실시하기 위한 개량 등의 개량 보전에 대한 목표 설정, 중점 설비, 중점 개소의 선정, 설비 보전에 대한 표준 설정 그리고 보전 계획 등의 모든 활동으로 피드백하도록 한다.

2. 윤활 관리의 목적과 방법

2-1 윤활 관리의 목적

윤활 관리(lubrication management)의 목적은 기계에 올바른 윤활과 정기적인 점검을 통하여 제반 고장이나 성능 저하를 없애고, 기계나 설비의 완전 운전을 도모함으로써 생산성 향상 및 생산비 절감에 기여함에 있다.

현재 공작 기계를 비롯하여 각종 산업 기계는 고도화되고 있으며 이에 수반하는 윤활제에 대한 요구도 한층 높아져서 공장에 있어서 윤활 관리의 필요성이 절실히 요구되고 있다. 그러므로 또한 공장 관리자도 설비 관리상의 기본 요건의 하나로서 윤활을 중요시하고 있다.

- 설비 유지비의 절감
- 기계 설비의 가동률 증대
- 설비 수명의 연장
- 윤활비와 동력비의 절감을 통한 생산량 증대

2-2 윤활 관리의 4원칙

윤활 관리의 기본적인 4원칙은 적유, 적법, 적량, 적기이다. 즉,
- 기계가 필요로 하는 적정 윤활제를 선정하여
- 적합한 급유 방법을 결정한 후
- 적정량을
- 적정 간격으로 적당한 시기에 공급하여 줌으로써 기계 설비의 성능과 정밀도를 유지하도록 함을 원칙으로 한다.

2-3 윤활 관리의 주요 기능

올바른 윤활 관리를 위해서는 습동면에 올바른 윤활을 통하여 완전 운전을 유지해야 한다. 따라서 윤활 관리는 넓은 의미에서 습동면과 윤활 장치 그리고 윤활제를 대상으로 하여 그 관리 효과로 기대할 수 있는 것은 설비의 생산성 향상, 휴지 손실 방지, 제 경비의 삭감 등이 있으며 주요 기능은 다음과 같다.

- 마찰 손실 방지
- 녹아 붙음 및 소부 현상 방지
- 냉각 효과
- 마모 방지
- 밀봉 작용
- 방청 및 방진 작용

2-4 윤활 관리의 실시 방법

(1) 적유 선정

① 운전 상태, 급유법, 온도 등의 환경에 적합한 윤활제 고려
② 유종의 간소화를 고려한 적합한 윤활제 선정

(2) 급유 관리

① 급유구 및 급유통에 이물질 혼입의 관리
② 점검을 통한 급유관의 누설 여부 관리
③ 올바른 급유량과 급유 간격의 결정
④ 급유 방법의 개선

(3) 사용유 관리

① 적절한 세정 설비를 통한 오일의 청결 유지

② 적정 간격으로 사용유의 분석을 통한 열화 상태 파악

③ 적정 시기에 사용유의 교환

④ 폐유 및 회수유의 올바른 처리

(4) 재고 관리

① 윤활제의 교환 주기의 설계

② 라벨 부착을 통한 합리적 관리

2-5 윤활 관리의 효과

적절한 윤활 관리를 실시한 경우 생산성을 향상시켜 가격의 인하를 도모하며 기본적으로는 다음과 같은 효과를 기대할 수 있다.

(1) 기본적 효과

① 제품 정도의 향상　　② 윤활 사고의 방지

③ 윤활 의식의 고양　　④ 기계 정도와 기능의 유지

(2) 경제적 효과

① 기계나 설비의 유지 관리비(수리비 및 정비 작업비) 절감

② 부품의 수명 연장과 교환 비용 감소에 의한 경비 절약

③ 완전 운전에 의한 유지비의 경감과 생산 가동 시간의 증가

④ 기계의 급유에 필요한 비용 절약

⑤ 윤활제 구입 비용의 감소

⑥ 마찰 감소에 의한 에너지 소비량의 절감

⑦ 자동화를 통한 윤활 관리자의 노동력 감소

3．윤활 관리의 조직

3-1 윤활 관리 조직의 구성

윤활 관리를 생산 보전 조직의 관리 관점에서 집중과 분산에 따라 분류하면 집중 보전, 지역 보전, 부문 보전 및 절충형 보전으로 분류된다. 집중과 분산에는 각각의 장단점이 있으므로

생산 규모와 방식에 따라 적절히 선택하여 운영해야 한다. 지역 보전 방식은 조직상 집중이나 배치상 분산이 된다.

(1) 윤활 관리 위원회

효율적인 윤활 관리를 위하여 부서 책임자와 윤활 기술자가 참여하는 윤활 관리 위원회를 조직하여 윤활 관리 실시에 필요한 제도나 운영 방식 등을 결정하도록 한다.

(2) 독립된 윤활 관리 조직

독립된 윤활 관리 부서에 책임과 권한을 가지고 일원적으로 관리를 행하는 집중 윤활 관리 방식이다. 올바른 윤활 관리를 위해서는 단순한 윤활상의 관리에만 한정하지 않고 기업 전체의 관리 체계화가 중요하다.

3-2 윤활 관리 조직의 체계

윤활 관리 조직의 체계는 운영상 윤활 관리 부서와 윤활 실시 부서로 구분된다.

(1) 윤활 관리 부서

① 윤활제 선정
② 유종 통일 및 결정
③ 신설 설비 및 사용 윤활제의 검토
④ 열화 기준의 판정
⑤ 윤활 방법 및 장치의 개선
⑥ 윤활 관리의 기준 및 표 작성
⑦ 급유자에 대한 교육 및 훈련
⑧ 윤활의 실태 조사 및 소비량 관리

(2) 윤활 실시 부서

윤활 실시 부서에는 윤활 담당자와 급유원으로 구분되며 주요 직무는 다음과 같다.

① 윤활제 사용 예산 및 구매 요구
② 표준 적유량 결정
③ 윤활 대장 및 각종 기록 작성
④ 급유 장치의 예비품 관리
⑤ 오일의 교환 주기 결정

⑥ 급유원의 교육 훈련
⑦ 급유 및 일상 점검
⑧ 급유 장치의 관리 및 보수
⑨ 윤활제의 검사 및 교환

3-3 윤활 관리자의 지식

(1) 윤활 관리자가 사전 지식

① 급유 장치와 급유기의 취급법
② 마찰부의 온도 판단
③ 운전음에 의한 내부 윤활 상태의 판단
④ 급유량의 적부 판단

(2) 윤활유의 고장 원인 파악

① 부적정유 및 열화된 윤활제의 사용
② 다른 오일의 혼합 사용
③ 마찰면의 재질 불량 및 사용 불량
④ 설계 불량
⑤ 과잉 및 과소급유
⑥ 플러싱의 불충분
⑦ 부적절한 급유법
⑧ 불순물의 혼합 및 현저한 온도 변화
⑨ 증기, 염분 등의 환경

(3) 윤활 기술자의 직무

① 사용 윤활유의 선정 및 관리
② 급유 장치의 보수 및 예비품 준비
③ 윤활 관계의 개선 시험
④ 신설비의 윤활제와 급유 장치 검토
⑤ 윤활 관계 작업원의 교육 훈련

핵 심 문 제

1. 트라이볼러지란 무엇인가?

2. 윤활 관리의 목적을 설명하시오.

3. 윤활 관리의 4원칙이란?

4. 윤활 관리의 주요 기능을 설명하시오.

5. 윤활 관리의 효과를 설명하시오.

연 습 문 제

1. 윤활 관리의 최종적인 목적은 무엇인가?

① 유체 윤활　　　② 정기적인 점검　　　③ 고장 감소　　　④ 생산성 향상

2. 윤활 관리 목적에 대한 설명으로 적합하지 않은 것은?

① 고점도유 사용으로 누유 방지
② 기계에 대한 올바른 급유
③ 정기적 점검을 통한 고장 감소
④ 시설 관리의 절감과 생산성 향상

3. 윤활의 4원칙이 아닌 것은?

① 적유　　　② 적법　　　③ 적기　　　④ 적소

4. 그림과 같은 윤활 급유 스티커의 윤활 주기를 올바르게 나타낸 것은?

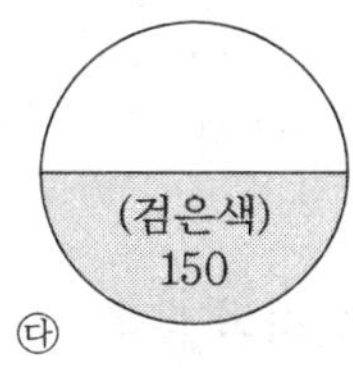

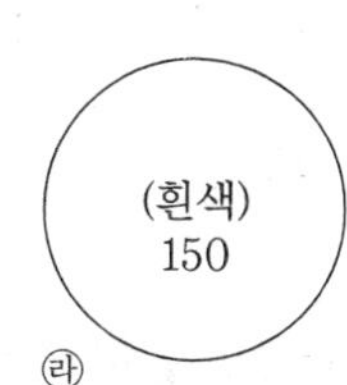

① 가. 매일 급유　　나. 매주 급유　　다. 1개월 급유　　라. 6개월 급유
② 가. 6개월 급유　　나. 1개월 급유　　다. 매주 급유　　라. 매일 급유
③ 가. 매주 급유　　나. 매일 급유　　다. 1개월 급유　　라. 6개월 급유
④ 가. 매일 급유　　나. 매주 급유　　다. 6개월 급유　　라. 1개월 급유

정답 | 1.④　2.①　3.④　4.①

5. 혼입된 이물질을 무해한 형태로 바꾸거나, 외부로 배출하여 깨끗하게 해 주는 윤활유의 작용은?

   ① 냉각 작용   ② 청정 작용   ③ 밀봉 작용   ④ 방진 작용

6. 완전 윤활 또는 후막 윤활이라고도 하며, 이상적인 윤활 상태의 윤활은?

   ① 유체 윤활   ② 경계 윤활   ③ 극압 윤활   ④ 고체 윤활

7. 윤활의 목적에 해당되지 않는 것은?

   ① 감마 작용   ② 방청 효과   ③ 응력 집중 효과   ④ 냉각 효과

8. 가장 이상적인 유막에 의해 마찰면이 완전히 분리되어 베어링 간극 중에서 균형을 이루는 윤활 상태를 무엇이라 하는가?

   ① 극압 윤활   ② 완전 윤활   ③ 경계 염소   ④ 미끄럼 윤활

9. 윤활유의 점도가 크면 어떠한가?

   ① 유체 마찰에 의한 동력 손실이 적다.
   ② 큰 마찰면에는 부적당하다.
   ③ 유막이 유지되기 힘들다.
   ④ 유체 마찰에 의한 발열이 커진다.

10. 유체 윤활 상태가 유지될 때 마찰에 영향을 주는 윤활유의 성질은?

   ① 유성   ② 점도   ③ 첨가제   ④ 극압제

11. 윤활 관리 기술자가 담당해야 할 업무가 아닌 것은?

   ① 신설 설비의 윤활 관계 검토
   ② 윤활 장치의 개조 및 신규 구입
   ③ 윤활의 실태 조사 및 소비량 관리
   ④ 윤활유의 제조 및 기술 향상

12. 윤활유의 감마 작용에 대하여 올바르게 설명한 것은?

   ① 윤활 개소에 혼입되는 이물질을 억제하는 방법
   ② 상호 마찰로 발생한 열을 냉각시키는 작용
   ③ 마찰 부위에 작용하는 힘을 분산시키는 작용
   ④ 마찰 감소로 마모 및 눌어붙는 현상을 방지하는 작용

정 답 │　5.②　6.①　7.③　8.②　9.④　10.②　11.④　12.④

13. 다음 중 윤활유의 감마 작용을 가장 올바르게 설명한 것은?

① 마찰열을 흡수한 후 방출하는 작용
② 작용하는 힘을 분산하여 균일하게 하는 작용
③ 혼입 이물을 다른 형태로 변화시키는 작용
④ 마찰 감소와 마모를 방지하는 작용

14. 윤활유를 사용하는 목적이 아닌 것은?

① 청정 작용　　　② 내진 작용　　　③ 냉각 작용　　　④ 방청 작용

15. 윤활 관리 방법에 대한 설명 중 부적절한 것은?

① 적정 윤활유를 사용한다.　　　② 매주 윤활유를 교체한다.
③ 적정 양을 공급한다.　　　④ 적정 방법으로 윤활유를 공급한다.

16. 다음 중 윤활 관리 기술자가 담당해야 할 윤활 관리 업무가 아닌 것은?

① 윤활의 실태 및 소비량 조사 관리
② 윤활유의 제조 기술 및 기술력 향상
③ 신설 설비의 윤활 관계 검토
④ 급유 장치의 개조 및 윤활 장치의 신규 구입

17. 윤활유 선정 시 기본적으로 먼저 검토해야 할 사항은?

① 급유 장소　　　② 급유 방법　　　③ 급유량　　　④ 적정 점도

18. 이상 윤활 상태에서 부하량의 증가로 마찰면의 일부분이 상대 금속과 접촉하는 윤활 상태를 무엇이라 하는가?

① 후막 윤활　　　② 극압 윤활　　　③ 이상 윤활　　　④ 경계 윤활

19. 윤활유의 작용으로 잘못된 것은?

① 감마　　　② 방청　　　③ 전단　　　④ 밀봉

20. 물이나 먼지의 침입을 막아 주고 실린더 내부의 가스가 누설되지 않도록 하는 윤활 작용은?

① 응력 분산 작용　　　② 방청 작용　　　③ 감마 작용　　　④ 밀봉 작용

정 답 ┃　13. ④　14. ②　15. ②　16. ②　17. ④　18. ④　19. ③　20. ④

제2장
윤활제의 종류와 선정

1. 윤활 작용

1-1 윤활 상태

상대 운동을 하는 표면에서의 윤활 상태는 윤활제의 유막 두께에 따라 유체 윤활, 경계 윤활, 극압 윤활로 분류된다.

(1) 유체 윤활(fluid lubrication)

마찰면 사이에 유체 역학적으로 점성 유막이 형성된 윤활 상태이므로 완전 윤활 또는 후막 윤활이라고도 한다. 이것은 가장 이상적인 유막에 의해 마찰면이 완전히 분리되어 베어링 간극 중에서 균형을 이루게 된다. 이러한 상태는 잘 설계되고 적당한 하중, 속도 그리고 충분한 상태가 유지되면 이때의 마찰은 윤활유의 점도에만 관계될 뿐 금속의 성질에는 거의 무관하여 마찰 계수는 0.01~0.05로서 최저이다.

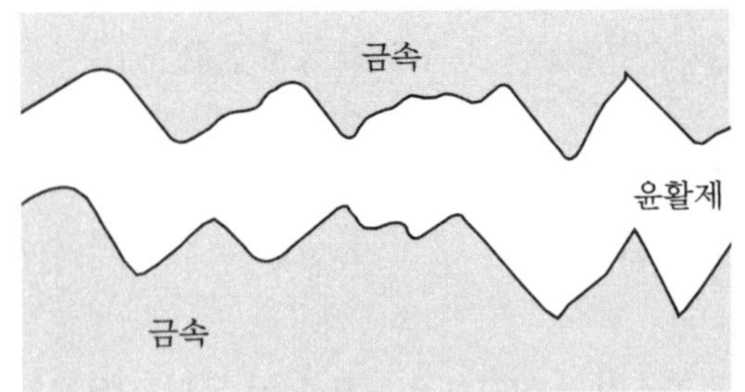

[그림 2-1] 유체 윤활

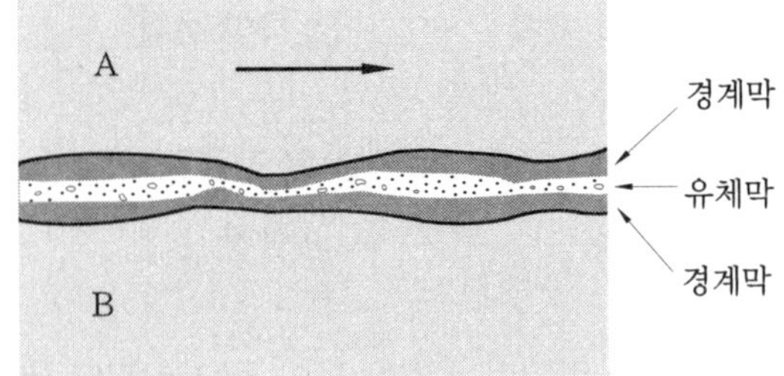

[그림 2-2] 이상적인 유체 윤활

(2) 경계 윤활(boundary lubrication)

윤활 부위에 하중이 증가하거나 속도가 저하될 경우 윤활제의 점도가 낮아지고 유막의 두께는 점점 얇아져서 고체 표면의 거칠기와 거의 같은 정도로 되면 유막으로만 하중을 지탱할 수 없는 상태의 윤활을 경계 윤활 또는 불완전 윤활이라 한다.

이와 같은 상태는 윤활제의 점도에 대하여 유체 역학적으로는 설명할 수 없는 유막의 성질, 즉 유성(oilness)이 관여하게 된다. 경계 윤활은 고하중 저속 상태에서 일어나기 쉽고 특히 시동이나 정지 전후에서 반드시 일어난다. 이때의 마찰 계수는 0.08~0.14 정도이다.

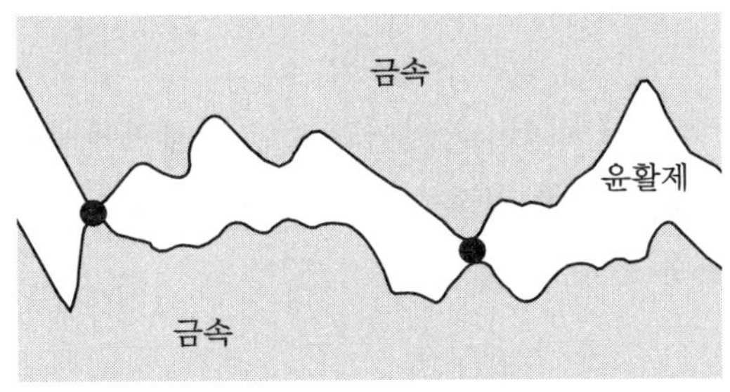

[그림 2-3] 경계 윤활 상태

(3) 극압 윤활(extreme-pressure lubrication)

하중이 증대되고 마찰 온도가 높아지면 유막의 두께가 얇아져서 접촉 부위가 증대되고 마찰 온도가 높아지게 된다. 이와 같은 상태가 되면 흡착 유막으로서는 하중을 지탱할 수 없게 되어 유막은 파괴되고 금속 접촉이 발생되어 융착과 소부 현상이 일어나게 된다. 이때는 오일의 점도나 유성으로서는 해결할 수 없고 극압 첨가제를 첨가하여 마찰 저항이 작은 금속 피막을 형성해야만 윤활이 가능해진다. 이때의 마찰 계수는 0.25~0.4 정도이다.

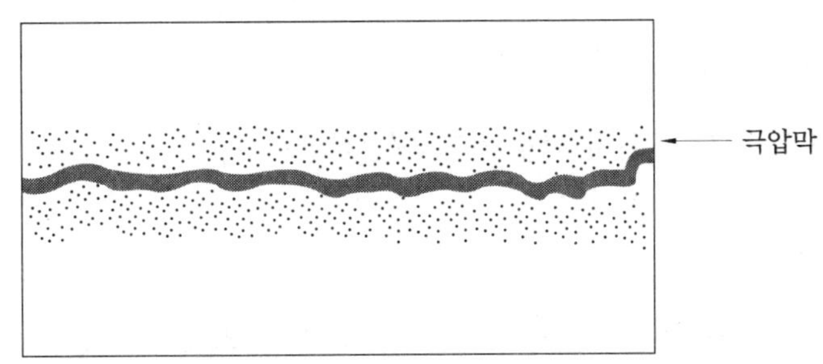

[그림 2-4] 극압 윤활 상태

1-2 윤활유의 작용

(1) 감마 작용

운동부에 공급된 윤활유는 마찰열로 인한 베어링의 고착 등을 방지하기 위한 유막(oil film)을 형성하여 윤활 개소의 마찰을 감소시켜 마모를 방지한다.

(2) 냉각 작용

윤활제는 마찰에 의해 발생된 열 또는 외부로부터 전달된 열 등을 흡수하며 냉각시키는 작용을 한다. 오일 팬이나 윤활유 냉각기를 통하여 방열시키며 윤활유는 엔진 내부의 마찰열 중 10~15% 정도 냉각시킨다.

(3) 응력 분산 작용

점 접촉이나 선 접촉을 하는 베어링이나 기어와 같은 마찰면에 큰 압력이 가해질 경우 상대 운동 부위에 윤활제를 주입하면 접촉 면적을 크게 해 주므로 활동 부분에 가해진 힘을 분산시켜 응력을 분산시키는 작용을 한다.

(4) 밀봉 작용

기계의 활동 부분을 밀봉하는 것으로 실린더 내의 분사 가스가 누설되지 않게 한다든가 또는 외부로부터 물이나 먼지 등이 침입을 막아 주는 작용을 말한다. 기밀 유지 작용에는 윤활유의 점도, 점도 지수 및 유막 형성력에 따라 달라진다.

(5) 청정 작용

순환하는 윤활유는 마찰 부분의 금속 분말안 먼지, 산화물 등을 흡수하여 무해한 형태로 바꾸거나 외부로 배출하여 청정하게 해 주는 작용을 한다. 또한, 세척 작용으로 불순물에 의한 엔진 각부의 마멸이나 마찰 및 열의 발생을 억제한다.

(6) 녹 방지 및 부식 방지

윤활 개소의 녹 발생 혹은 부식을 방지하는 작용이다.

(7) 방청 작용

금속 표면에 유막을 형성하여 공기 중의 산소나 물 또는 부식성 가스에 의해서 금속의 표면이 녹이 스는 것을 보호해 주는 작용이다.

(8) 방진 작용

윤활 개소에 먼지 등의 유해 이물이 혼입되는 것을 방지한다.

(9) 동력 전달 작용

유압 작동유로서 동력 전달체의 작용을 한다.

2. 원유의 정제

　원유(crude oil)는 지구의 지각 내에서 천연적으로 산출되며 연료 및 다양한 석유 제품을 생산하기 위하여 추출되는 상당한 휘발성을 가진 액체 탄화수소(약간의 질소, 황, 산소와 함께 주로 수소와 탄소로 구성된 화합물)의 혼합물이다. 원유는 불순물이 많으므로 이를 정제하여 만든 제품이 석유 제품이며, 원유와 석유 제품을 총칭하여 석유(petroleum)라고 한다.

　원유는 여러 가지 구성 성분이 다양한 비율로 혼합되어 있기 때문에 물리적 성질이 크게 변한다. 원유의 비중은 0.78~0.99 정도이고 여러 가지 물질이 혼합된 혼합물이다. 원유의 색깔은 산지에 따라 암갈색, 암황색, 흑색을 띠는 점성 액체이다.

　원유는 심도에 따라 ㎠당 수십~수백 kg의 압력을 받는 지하에서 산출된다. 이런 압력 때문에 원유는 용액 내에 상당한 양의 천연가스를 포함하고 있다. 지하의 원유는 지표상에 있을 때보다 훨씬 유동성이 큰데, 이는 지하의 온도가 높아 점성이 감소하기 때문이다. 심도가 매 33m 증가함에 따라 온도는 평균 1℃ 증가한다.

2-1 원유의 성분과 조성

　원유의 성분은 탄소와 수소가 화합한 탄화수소 혼합물로서 탄소가 80~86%, 수소가 12~15% 정도이다. 이밖에 약간의 황화합물, 질소화합물, 금속 염류 등의 불순물이 소량 함유되어 있다. 원유는 탄화수소의 결합 방법에 따라 성분별로 구분하면 파라핀계(C_nH_{2n+2})와 나

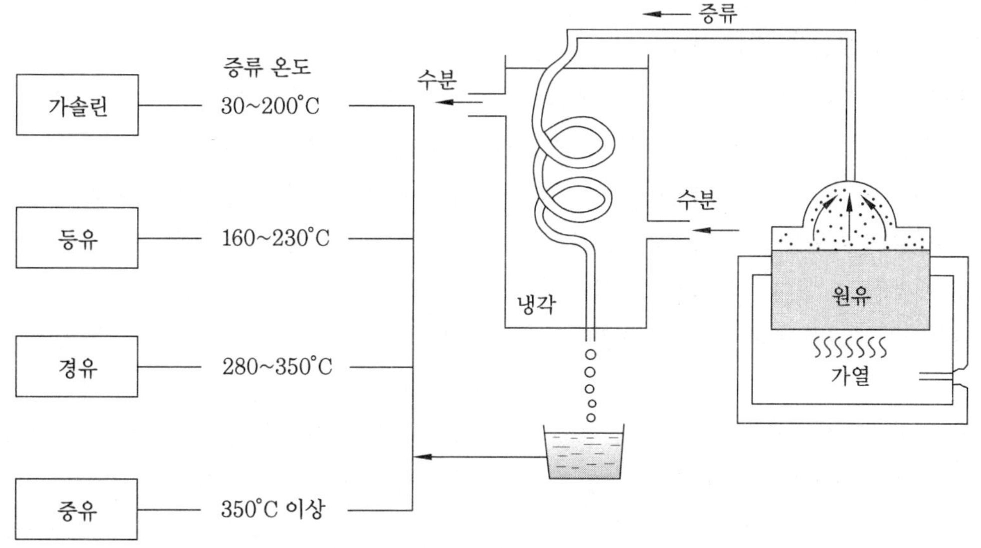

[그림 2-5] 원유의 정제 과정

프텐계(C_nH_{2n}) 등으로 분류된다. 원유는 탄소와 수소의 화합물로 만들어져 있는 탄화수소가 주성분이지만 여러 가지 불순물이 포함되어 있으므로 이물질을 제거하는 과정을 석유의 정제라고 한다.

2-2 원유의 분류

(1) 물리적 성질에 의한 분류

API(American Petroleum Institute) 수치가 클수록 가벼운 원유이며, 원유 성분 중 황의 함유율(중량 %)로 분류해서 유황이 1% 이하인 것을 저유황 원유라 하고, 2%를 넘는 것을 고유황 원유라 한다.

[표 2-1] 원유의 분류

원유 질의 구분	API도	API도 환산
경질(輕質) 원유	34 이상	
중질(中質) 원유	30~34	$API = \dfrac{141.5}{비중(60°F)} - 131.5$
중질(重質)원유	30 이하	

유종에 의한 구분	API도	품질	유황 함유율(%)
Dubai(UAE)	32.0	중질 고유황	1.86
Brent(영국)	38.3	경질 저유황	0.37
WTI(미국)	38~40	경질 저유황	0.24

(2) 화학적 성질에 의한 분류

원유를 화학적 성분에 따라 분류하면 석유의 주성분인 탄화수소의 종류에 따라 나프텐계 원유(아스팔트계 원유), 파라핀계 원유, 혼합(중간)계 원유로 나누어진다.

파라핀계 원유는 파라핀계의 탄화수소를 많이 함유한 원유로서 등유, 경유의 품질은 우수하나 휘발유의 옥탄가는 낮다. 중유분은 비교적 응고점이 높으나 탈납함으로써 고품질의 윤활유를 제조할 수 있다. 일반적으로 아스팔트분은 적고 파라핀 왁스분은 많다. 대표적인 것으로는 미국의 펜실베이니아 원유, 사우디아라비아의 아라비안 라이트, 중국의 대경 원유 등이 있다.

나프텐계 원유는 성분 중에 나프텐계의 탄화수소를 많이 함유하고, 아스팔트분이 많기 때문에 아스팔트계 원유라고 부르기도 한다. 이 원유에서는 휘발유의 품질이 좋고(옥탄가가 높음), 다량의 아스팔트를 생산할 수 있으나 등유, 경유는 품질이 나쁘다. 일반적으로 중유분의 응고점이 낮고 파라핀 왁스가 적기 때문에 간단한 처리로 윤활유를 제조할 수 있으나 품질은 그다지 좋지 않다. 대표적인 것으로 미국의 캘리포니아 원유, 텍사스 원유, 멕시코 원유, 베네수엘라 원유 등이 있다.

[표 2-2] 원유의 특성 비교

	나프텐계	중간기	파라핀계
색 상	농	→→→→→→→→	담
냄 새	자극성		향긋함
경질본	적음	약간 많음	많음
아스팔트	많음	적음	매우 적음
왁 스	매우 적음	약간	많음
UOP 계수	11.45 이하	11.5~12.1	12.15 이상
비 중	0.93 이상	0.85~0.92	0.84 이하

[표 2-3] 산유국별 주요 원유

산유국		비중(API도)	황 함량(%)	생산량(b/d)
사우디아라비아	Arab Light	33.8	1.75	5백만
	Arab Extra Light	37.3	1.10	1.3백만
	Arab Heavy	28.1	3.10	0.6~0.8백만
	Arab Extra Medium	31.8	2.45	0.5백만
이 란	Iran Heavy	31.1	1.74	1.5백만
	Iran Light	33.8	1.58	0.7백만
쿠웨이트	Kuwait	31.1	2.55	2.0~2.1백만
이라크	Basrah Light	33.7	2.08	1.8백만
	Kirkuk	36.5	1.89	0.9백만
UAE	Dubai	32	1.86	0.15백만
나이지리아	Bonny Light	10	10	0.42백만
영 국	Brent	38.3	0.36	0.42백만
	Forties	41.6	0.24	0.78백만
미 국	WTl	39.6	0.24	0.36백만
	Alaskan North Slope	30.0	1.09	0.95백만
중 국	Dacing	10	10	1.1백만

출처 : 대한석유협회

혼합기 원유는 양자의 중간 성질을 가진 것으로 세계 대부분의 원유가 여기에 속한다.

① 파라핀(paraffin)계

C_nH_{2n+2}의 직렬 쇄상 구조이며, 연소성이 양호하다.

② 나프텐(naphthene)계

C_nH_{2n}의 환상 구조이며, 파라핀계보다 연소성이 나쁘다.

③ 올레핀(olefin)계

C_nH_{2n}의 직렬 쇄상 구조이며, 연소성이 파라핀계보다 나쁘고 나프텐계보다 좋다.

④ 디올레핀(di-olefin)계

C_nH_{2n-2}의 직렬 쇄상 구조이며, 연소성이 올레핀계보다 나쁘고 나프텐계보다 좋다.

⑤ 방향족(aromatic)계

C_nH_{2n-6}의 환상 구조이며, 연소성이 나프텐계보다 나쁘다.

2-3 정유 공정

정유 공정은 다음과 같이 증류(distillation), 정제(purification) 및 배합(blending)의 3단계로 크게 구분된다.

(1) 증류 공정

증류 공정은 원유 중에 포함된 염분을 제거하는 탈염 장치와 같은 전처리 과정을 거친 후 가열된 원유를 상압(常壓) 증류탑으로 보내면 비등점 차이에 의하여 가벼운 성분부터 무거운 성분이 차례로 분리되는 공정이다.

(2) 정제 공정

정제 공정은 증류탑으로부터 분리된 유분 중의 불순물을 제거하고, 제품의 특성을 충족시키기 위하여 2차 처리 공정을 통하여 품질 성상을 향상시킨다. 예를 들면 메록스 공정, 접촉 개질 공정, 수첨 탈황 공정 등이 있다.

(3) 배합 공정

배합 공정은 상압 증류 공정이나 2차 처리 공정에서 나오는 각종 유분을 각 제품별 규격에 맞게 적당한 비율로 혼합하거나 첨가제를 넣어 배합하는 공정이다. 예를 들면 유황분 배합, 옥탄가 배합, 증기압 배합, 동점도 배합 공정 등이 있다.

2-4 윤활 기유의 분류

윤활 기유(base oil)는 모든 석유계 윤활유 제품의 주원료가 되는 물질로서 휘발유, 등유, 경유 등의 일반 석유 제품처럼 원유로부터 여러 공정을 거쳐서 생산된다. 석유계 윤활유는 순광유와 첨가유(순광유에 각종 첨가제 함유)의 두 가지로 분류되며, 이 중 순광유란 첨가제가 함유되지 않은 윤활 기유(base oil)를 그대로 윤활유 제품으로 사용하는 윤활유를 의미한다.

윤활 기유는 각종 윤활유의 원료가 되며 원유를 정제해 나오는 제품은 그룹 1~3으로 구분된다. 윤활 기유 약 85~95%에 각각의 용도(자동차용, 선박용, 기계용 등)에 따라 첨가제를 넣으면 엔진 오일 등 다양한 윤활유가 된다. 그룹 3 제품이 불순물이 가장 적고 친환경적이다. 고급 윤활 기유를 이용해 만든 윤활유는 불순물이 적어 자동차 배기 시스템의 수명을 연장하고 연비를 개선하는 데 효율적이다. 고급 윤활 기유가 신차와 고급 차종에 쓰이는 것도 이 때문이다.

(1) 윤활 기유의 조성

윤활 기유는 기유의 종류에 따라 다음과 같이 분류된다.

[표 2-4] 윤활 기유의 분류

기유의 종류	점도 지수(VI)	유동점(pour point)
표준 파라핀(normal paraffins)계	매우 높음	높음
ISO 파라핀(ISO paraffins)계	높음	낮음
나프텐(naphthenes)계	중간	낮음
아로메틱(aromatics)계	낮음	낮음

(2) 윤활 기유의 특성

윤활 기유의 특성은 [표 2-5]와 같이 나프텐계 기유는 점도 지수 및 산화 안정도가 낮은 반면, 유동점이 낮아 저온 유동성이 좋기 때문에 냉동 기유 등의 특수 용도에 그 사용이 국한되

[표 2-5] 윤활 기유의 특성

항 목	파라핀계	나프텐계
밀도	낮음	높음
점도 지수(VI)	높음	낮음
인화점, 발화점, 유동점	높음	낮음
잔류 탄소	많음	적음
색	밝음	어두움
어닐린 점	높음	낮음
아로메틱(aromatics) 함량	낮음	높음
고무에 대한 효과	저팽창	고팽창
부분 분리성	좋음	나쁨
산화 안정도	높음	낮음
용해성, 분산성	나쁨	좋음
휘발성, 증기압	낮음	높음
왁스 함량	높음	낮음

며, 현재 세계적으로 나프텐계 원유의 생산이 줄어들고 있는 실정이므로 최근에 생산되는 대다수의 윤활유 제품은 파라핀계의 기유가 사용되고 있다.

(3) 윤활유의 제조 공정

윤활유는 순광유와 순광유에 첨가제가 함유된 첨가유로 분류되며 원유로부터 제조 공정은 [표 2-6]과 같다.

[표 2-6] 윤활유의 제조 공정

단계	공 정	세 부 내 용
1	원유	원유는 산지에 따라 파라핀계, 나프텐계, 아로마틱계 및 혼합계로 구분되며, 탄화수소 결합 구조의 차이로서 특성이 다르다.
2	상압 증류	상압 증류 공정은 원유 중에 가스, 가솔린, 석유, 경유, 중유를 끓는 온도의 차이로 분리한 후 그 중에서 중유분이 윤활유의 원료가 되어 감압 증류 공정으로 보낸다.
3	감압 증류	중유는 고온에서만 증류되므로 진공 상태로 증류시켜 아스팔트와 윤활유 원료가 될 수 있는 기유 원료의 분리 공정이다.
4	탈 아스팔트	솔벤트를 이용하여 기유 중에 함유된 아스팔트분을 제거한다. 기유에 아스팔트분이 소량이라도 함유되면 색상이 어둡고 사용 중 탄소 부착의 증가 원인이 된다.
5	용제 추출/ 수소 첨가	기유 중에 함유된 방향족이나 불포화 화합물 등을 퍼프랄 또는 액체 이산화유황 용제를 사용하여 제거한다. 이 물질들은 불안정하여 사용 중 바니스, 카본, 타르와 같은 반고체상의 해로운 물질로 변하기 때문이다.
6	왁스 제거	기유에 함유된 왁스를 메칠 에칠 케톤, 톨루엔 용제로 제거해서 저온에서 오일의 유동성을 좋게 한다. 고점도 지수(VI)의 기유(base oil) 생산을 위하여 촉매(catalyst)를 이용한 왁스 제거 공정이 사용된다.
7	수소 처리	고온에서 수소를 이용하여 기유 중에 함유된 유황을 제거하고, 안정성을 높여 주며 색상을 개선시켜 준다.
8	배합 공정/ 첨가 제제	용도에 따라 적합한 점도의 기유를 선택한 후 첨가제와 혼합하여 오일을 제조해서 포장 공정으로 보낸다. 그리스는 선택된 기유에 다양한 금속 비누를 넣어 반응시킨 후 첨가제가 보충된다.
9	품질 및 성능 시험	품질 검사를 통해 규격 내에 합격하는 경우 출하된다.
10	포장	상품 라벨을 부착하여 포장한다.

3. 윤활제의 종류와 특성

3-1 윤활제의 종류

윤활제는 여러 가지 종류가 있으나 외관 형태로 분류하면 액상의 윤활유, 반고체상의 그리스 및 고체 윤활제로 분류된다.

[표 2-7] 윤활제의 종류

윤활제의 분류		종 류
액체 윤활제 (윤활유)	광유계	순광유 및 순광유에 첨가제가 함유된 윤활유
		유압 작동유, 기어, 엔진 오일 등
	합성계	광유에 지방유를 합성한 윤활유 고온, 고압, 극저온 등 특수 환경에 사용
		PAQ, 에스테르 등
		특수 엔진유, 항공용 윤활유 등
	천연 유지계	유성(oilness)이 필요한 경우 사용 동식물 유지(에스테르 화합물) 압연유, 절삭유용 등
	동식물계	지방유
반고체 윤활제 (그리스)	그리스	윤활유로 적합하지 않은 곳 금속 비누기에 따라 여러 종류로 구분 기어, 베어링 등 점착성이 요구되는 부분
고체 윤활제	고체 자체	MoS, PbO, 흑연, 그라파이트 등
	반고체 혼합	그리스와 고체 물질의 혼합
	액체와 혼합	광유와 고체 물질의 혼합

윤활과 관련하여 널리 사용되는 석유 제품 관련 규격은 다음과 같다.

- ISO : International Organization for Standardization (국제표준화기구)
- SAE : Society of Automotive Engineers (미국자동차기술자협회)
- API : American Petroleum Institute (미국석유협회)
- AGMA : American Gear Manufacturers Association (미국기어제조업협회)
- NLGI : National Lubricating Grease Institute (미국윤활그리스협회)
- STLE : Society of Tribologists and Lubrication Engineers (미국 트라이볼러지 기술자협회)
- ASTM : American Society for Testing and Materials (미국재료시험협회)
- ASME : American Society of Mechanical Engineers (미국기계기술자협회)
- IP : The Institute of Petroleum (영국석유협회)
- ANSI : American National Standards Institute (미국국가규격)
- KS : Korean Industrial Standards (한국산업규격)
- DIN : Deutsche Industrie Normen (서독공업규격)
- JIS : Japan Industrial Standards (일본공업규격)
- BS : British Standards (영국규격)

- NAS : National Aerospace Standards (미국항공우주규격)
- MIL : Military Specifications and Standards (미국방성규격)

3-2 윤활유의 분류

윤활제로서 가장 많이 사용되는 것은 액상의 윤활유이며, 액상의 윤활유는 대부분 광유계이다. 액상의 윤활유로서 갖추어야 할 성질은 다음과 같다.

첫째, 사용 상태에서 충분한 점도를 가질 것

둘째, 한계 윤활 상태에서 견디어 낼 수 있는 유성이 있을 것

셋째, 산화나 열에 대한 안전성이 높고 화학적으로 안정될 것

윤활유에는 광물성 윤활유와 식물성 윤활유가 있다. 광물성 윤활유는 원유를 온도 차이에 의해서 분류할 때 중유와 아스팔트 사이에서 정제한 것으로서 내연 기관에서 주로 이용된다. 식물성 윤활유는 피마자유와 해바라기유가 있으며, 식물성 윤활유의 특징은 점도가 높고 내압성이 양호하나 고온에서 유성과 점성이 변화하므로 정밀 기계에 주로 사용한다.

윤활유의 분류 방법은 여러 가지가 있으나 원료, 점도, 서비스, 용도 및 첨가제 성분에 의하여 분류하면 다음과 같다.

(1) 원료에 의한 분류

① 석유계 윤활유

파라핀계 윤활유, 나프텐계 윤활유, 혼합 윤활유

② 비광유계 윤활유

동식물계 윤활유, 합성 윤활유

(2) 점도에 의한 분류

석유계 윤활유를 점도에 따라 분류하면 다음과 같으며, 구체적인 용도는 점도 기준에 의하여 더욱 세분된다.

① 경질 윤활유(light stocks)

② 중간질 윤활유(medium stocks)

③ 중질 윤활유(heavy stocks)

내연 기관용 엔진유나 변속기 및 베어링용 기어유는 미국자동차기술자협회(SAE)의 점도가 널리 사용되고 있으며, 공업용 윤활유에 대해서는 국제표준화기구(ISO)의 점도 분류가 널리 채택되어 사용되고 있다.

(가) SAE의 분류

윤활유의 점도 따라 분류하는 방법으로 SAE 분류법이 널리 사용된다. SAE 등급에서 W자는 겨울용이라는 뜻으로서 숫자의 크기가 클수록 점성이 커진다.

   ① SAE 등급 : (엔진 오일) : 5W, 10W, 20W, 20, 30, 40, 50

                  (기어 오일) : 75, 80, 90, 140, 150

                  (겨울철) : 10W, 20W

                  (여름철) : 30, 40

   ② 다등급(4계절용) : 10W/20, 10W/30, 20W/20, 20W/30, 20W/40

다등급 오일에서 10W/20의 뜻은 저온에서 10W와 같은 성질이 있 고, 고온에서는 20과 같은 성질이 있는 윤활유라는 의미이다.

(나) ISO 점도 분류

공업용 기어유에 대하여 미국기어제조협회(AGMA)에 의한 분류가 있으나, ISO의 점도 분류는 다음 [표 2-8]과 같이 18등급으로 분류된다.

[표 2-8] ISO 공업용 윤활유 점도 분류

ISO 점도 등급	중앙 점도	점도 범위 cSt@40°C	
ISO VG 2	2.2	1.98 이상	2.42 이하
ISO VG 3	3.2	2.88 이상	3.52 이하
ISO VG 5	4.6	4.14 이상	5.06 이하
ISO VG 7	6.8	6.12 이상	7.48 이하
ISO VG 10	10	9.00 이상	11.0 이하
ISO VG 15	15	13.5 이상	16.5 이하
ISO VG 22	22	19.8 이상	24.2 이하
ISO VG 32	32	28.8 이상	35.2 이하
ISO VG 46	46	41.4 이상	50.6 이하
ISO VG 68	68	61.2 이상	74.8 이하
ISO VG 100	100	90.0 이상	110 이하
ISO VG 150	150	135 이상	165 이하
ISO VG 220	220	198 이상	242 이하
ISO VG 320	320	288 이상	352 이하
ISO VG 460	460	414 이상	506 이하
ISO VG 680	680	612 이상	748 이하
ISO VG 1,000	1,000	900 이상	1,100 이하
ISO VG 1,500	1,500	1,350 이상	1,650 이하

[참고]　① 공업용 윤활유 : 터빈유, 기어유, 냉동 기유, 기계유, 작동유 등

     ② ISO 점도 등급 : 공업용 윤활유 ISO 점도 분류(ISO 3448 참조)에 나타낸 점도 등급으로서 ISO 점도 등급(VG)은 2cSt~1,500cSt의 18등급을 말한다.

(3) 서비스에 의한 분류

윤활유를 성능별로 분류한 것이 미국석유협회의 API 서비스 분류이며, 기관의 종류와 사용 조건에 따라 크게 가솔린 기관과 디젤 기관으로 분류된다.

(가) 가솔린 기관의 윤활유(ML, MM, MS)

① ML(Motor Light) : 신규 분류에서 ML=SA

ML급 윤활유로서 기관이 제일 좋은 조건에서 윤활유이다. 자가용과 같이 경부하의 작은 마멸 기관에 사용된다.

② MM(Motor Moderate) : 신규 분류에서 MM=SB, SC

MM급 윤활유로서 나쁜 조건에서 운전할 때 사용하는 윤활유이다. 장거리용 버스나 트럭 등에 사용된다.

③ MS(Motor Severe) : 신규 분류에서 MS=SD

MS급 윤활유로서 가혹 조건에서 운전할 때 사용하는 윤활유이다. 시동과 정지가 심한 택시나 산업용 가솔린 기관 등에 사용된다.

(나) 디젤 기관의 윤활유(DG, DM, DS)

① DG(Disel General) : 신규 분류에서 DG=CA

DG급 윤활유로서 유황 성분이 적은 경부하 운전 기관에 사용한다. 일정한 경로로 운전하는 버스나 트럭 등에 사용된다.

② DM(Disel Moderate) : 신규 분류에서 DM=CB

DM급 윤활유로서 경유를 사용하는 중부하로 운전 기관에 사용한다. 시동과 정지가 심한 버스나 트럭 등에 사용된다.

③ DS(Disel Severe) : 신규 분류에서 DS=CC

DS급 윤활유로서 경유를 사용하는 가혹한 조건의 기관에 사용한다. 산업용 트럭과 건설용 중장비 기관에 사용된다.

(4) 용도에 의한 분류

각종 기계의 고성능화로 인하여 윤활유도 이들 기계에 만족할 수 있도록 [표 2–11]과 같이 용도별로 분류되어 있다. 반드시 윤활유의 용도가 아니라도 다음과 같은 것도 있다.

(가) 전기 절연유(KSC 2301)

오일 속의 콘덴서나 케이블, 변압기 등에 사용되는 것을 전기 절연유라고 하며, 1종에서 7종까지 구분하고 있다.

[표 2-9] API 서비스 분류(가솔린 기관 윤활유)

분류	서비스 분류		성능 시험법	관련되는 미군 규격 및 엔진 제작 회사 규격	내 용
	신API 분류	구API 분류			
가솔린기관	SA	ML	없음	–	첨가제 함유를 필요로 하지 않는 원만한 조건하에서의 엔진에 적용
	SB	MM	L-4 혹은 L-38 Sequence Ⅳ	–	약간의 첨가제 함유를 필요로 하는 경부하 조건하에서 운전되는 엔진에 적용하며 이 분류에 속하는 유는 긁힘(scuffing) 방지성, 산화 방지성, 베어링의 부식 방지성을 가지고 있을 것
	SC	MS	L-1, L-38 Sequence Ⅱ A 〃 Ⅲ A 〃 Ⅳ A 〃 Ⅴ A	MIL-L-22014B Ford ESE-M2C 101-A	1964~1967년형 승용차와 트럭용 가솔린 엔진에 적용하며 고온·저온 퇴적물, 마모, 녹, 부식에 대한 방지성이 있는 오일
	SD	MS	L-38 L-1 혹은 1-H Sequence Ⅱ B 〃 Ⅲ B 〃 Ⅳ B 〃 Ⅴ B Falcon	Ford ESE -M2C 101-B GM 6041-M	1968~1971년형 승용차와 트럭용 가솔린 엔진에 적용하며 분류 SC보다도 고온·저온 퇴적물, 마모, 녹, 부식에 대한 방지성이 우수한 오일
	SE	–	L-38 Sequence Ⅱ B 〃 Ⅱ C 〃 Ⅱ C 〃 Ⅲ C 〃 Ⅲ D 〃 Ⅴ C 〃 Ⅴ D	MIL-L-46152 Ford ESEM2C 101-C, GM 6136-M(구GM 6041-M)	1972~1979년형 승용차와 트럭용 가솔린 엔진에 적용하며 분류 SD보다도 고온·저온 퇴적물, 마모, 녹, 부식에 대한 방지성이 우수한 오일
	SF	–	L-38 Sequence Ⅱ D 〃 Ⅲ D 〃 Ⅴ D		1980년 이후 생산된 승용차 및 트럭용 가솔린 엔진에 적용하며 SE보다 우수한 고온·저온 퇴적물, 마모, 녹, 부식 방지성이 개선되고 공해 문제로 개선시킨 오일
	SG	–	L-38, 1-H2 Sequence Ⅱ D 〃 Ⅲ E 〃 Ⅴ E		SF보다 우수한 고온·저온 퇴적물, 마모, 부식 방지성이 개선되고 특히 공해 문제를 개선시킨 오일

① 1종은 광유를 주재료로 사용

② 2종~6종은 합성유를 주재료로 사용

③ 7종은 알킬·벤젠을 혼합 사용

[표 2-10] API 서비스 분류(디젤 기관 윤활유)

분류	서비스 분류		성능 시험법	관련되는 미군 규격 및 엔진 제작 회사 규격	내　용
	신API 분류	구API 분류			
디젤기관	CA	DG	L-4 혹은 L-38 L-1	MIL-L-2104A	저유황분의 고품질 연료유를 사용하는 경~중가 부하 조건의 디젤 엔진에 적용하며 1940~1950년경에 생산된 차량 엔진에 사용할 수 있는 오일
	CB	DM	L-4 혹은 L-38 L-1	Supplement 1	저품질 연료를 사용하는 경~중부하 조건의 디젤 엔진에 사용하며 베어링의 부식과 고온 퇴적물에 대한 방지성이 있는 오일
	CC	DS	L-38 STD Sequence ⅡA, ⅡB, ⅡC, ⅡD 1-H 혹은 1-H2 1-D	MIL-L-46152, MIL-L-2104 B Ford M2C 101-B GM6042-M	고부하에서 운전하는 경과합 디젤 엔진 또는 고부하의 가솔린 엔진과 버스, 트럭, 산업 및 건설 장비의 엔진 오일로서 고온·저온 퇴적물, 녹, 부식에 대한 방지성을 가진 오일
	CD	–	1-G 혹은 1-G2 L-38	MIL-L-45199B MIL-L-2104C Superior Lubricants (Series 3)	과합기가 부착된 고속 고출력하에서 운전되는 디젤 엔진에 적용하며 베어링의 부식, 고온 퇴적물에 대한 방지성을 가진 오일. Caterpillar tracter Co.의 엔진에 적용한 오일
	CE	–	1-D, 1-G, L-38	MIL-L-2104D	Mack truck Co.의 엔진에 적합한 오일

(나) 금속 가공유

금속 가공용 윤활유에는 ① 절삭유 ② 연삭유 ③ 열처리유 ④ 압연유 소성 가공유 등이 있다.

(다) 방청유

방청유는 미군(MIL) 또는 한국산업규격에 다음 6개로 구분되어 있다.

① 지문 제거형　　　　② 용제 희석형　　　　③ 방청 페트롤레이텀
④ 방청 윤활유　　　　⑤ 방청 그리스　　　　⑥ 기화성 방청제

(라) 유압 작동유

유체의 동력 매체로 사용되며 작동유에는 광유계 작동유와 불연성 작동유로 나누어지며, 불연성 작동유에는 수분 함유형 작동유와 합성 작동유가 있다.

(5) 첨가제 성분에 따른 분류

첨가제를 윤활유에 첨가하면 기유의 성질을 증가시키며, 성분에 따라 다음과 같은 등급으로 분류된다.

[표 2-11] 한국산업규격에 의한 용도별 윤활유 분류

종류		호수	1호	특2호	2호	3호	4호	5호	비고
내연기관용 윤활유 KSM 2121	육상 내연 기관용 윤활유	2종	@-18℃ 1,250~ 2,500cSt	@-18℃ 1,250~ 10,000cSt	@100℃ 5.6~ 9.3cSt	@100℃ 9.3~ 12.5cSt	@100℃ 12.5~ 16.3cSt	@100℃ 16.3~ 21.9cSt	산화 방지제를 첨가한 가솔린 기관의 중하중용
		3종							산화 방지제, 청정 분산제를 첨가한 가솔린 및 디젤 기관의 중하중용
	선박 내연 기관용 윤활유	2종	–	–	@100℃ 5.6~ 9.3cSt	@100℃ 9.3~ 12.5cSt	@100℃ 12.5~ 16.3cSt	@100℃ 16.3~ 21.9cSt	산화 방지제 첨가 시스템유로 사용
		3종	–	–	–	〃	〃	〃	산화 방지제 및 청정 분산제 첨가, 실린더유 및 시스팀유로 사용
		4종	–	–	–	〃	〃	〃	산화 방지제 및 청정 분산제 첨가, 실린더유로 사용

(가) 보통급

광물성 윤활유에 첨가제를 넣지 않은 윤활유로서 보통의 운전에 사용된다.

(나) 프리미엄급

광물성 윤활유에 방부제 및 산화 방지제를 첨가한 윤활유로서 가혹한 조건의 운전에 사용된다.

(다) 특급

광물성 윤활유에 방부제, 산화 방지제 및 청정제를 첨가한 윤활유로서 가혹한 조건의 운전에 사용된다.

3-3 윤활유의 성질

(1) 비중(specific gravity)

윤활유의 비중은 성능에는 관계없으나 규정의 기름인지 또는 연료유 등의 이물질이 혼입되었는지 여부를 확인하는 데 유용하게 사용된다. 비중 측정은 중량과 용량을 비교 환산에 이용되며, 윤활제의 성능과는 관계없다.

[표 2-12] 한국산업규격에 의한 윤활유 분류(종합)

종류 \ 점도 구분		점도 등급(점도 : 40°C에서 측정)	비 고
기계유 KSM 2126		점도 등급 : ISO VG2~ISO VG 1500 및 보조 등급 VG 8. VG 56의 2종류를 합하여 20종의 등급 현기계유 규격 : 다이나모유, 스핀들유, 실린더유, 기계유를 통합한 규격임	전손식 급유(全損式給油) 방법에 의한 각종 기계에 사용
베어링유 KSM 2114		점도 등급 ISO VG 2~ISO VG 460까지 15종의 등급	순환식, 유욕식, 비수식 급유 방법에 의한 각종 기계 베어링부에 사용
터빈유 KSM 2120	1종	무첨가유 점도 등급 : ISO VG 32, 46, 68 3종의 등급	증기 터빈, 수력 터빈, 터보형 송풍기, 터보형 압축기 등에 사용
	2종	첨가유 점도 등급 : ISO VG 32, 46, 68, 100 등 4종의 등급	
냉동기유 KSM 2128	1종	점도 등급 : ISO VG 10, 15, 22, 32, 46, 68 등 6종의 등급	개방형 냉동기에 사용
	2종	점도 등급 : ISO VG 15, 22, 32, 46, 68, 100 등 6종의 등급	밀폐 및 반밀폐형 냉동기에 사용
기어유 KSM 2127	1종	점도 등급 : 150VG 32~ISO VG 460 등 3종의 등급	일반 기계의 경하중 밀폐 기어에 사용
	2종	점도 등급 : ISO VG 68~ISO VG 680 등 7종의 등급	일반 기계 압연기의 중하중 밀폐 기어에 사용
	자동차용	SAE 분류 : 75W, 80W, 85W, 90, 140 등 5종류	자동차의 기어에 사용

(2) 점도 (viscosity)

점도는 윤활유의 물리 · 화학적 성질 중 가장 기본이 되는 성질 중의 하나이고, 점도의 의미는 액체가 유동할 때 나타나는 내부 저항을 말한다. 기계 윤활에 있어서 기계의 조건이 동일하다면 마찰 손실, 마찰열, 기계적 효율이 점도로서 크게 좌우되며, 점도의 절대 밀도의 단위는 푸와즈(poise : g/cm · sec)가 사용된다.

(3) 동점도 (kinematic viscosity)

윤활유의 선정에 매우 중요한 항목의 하나로서 일정량의 시료가 일정한 온도에서 일정한 길이를 통과하는 데 걸리는 시간을 측정하여 계산된다. 석유 제품의 점도란 동점도를 의미한다.

동점도는 센티스토크(cSt)라는 단위로 표시하며 동점도를 CGS 단위로 표시한 것을 스토크(stoke)라 하며, 그 1/100을 센티스토크(cSt)라 한다. 동점도의 측정은 ISO 점도 분류에 의해 항온조에서 케넌펜스케 점도계에 의하여 40°C와 100°C에서 측정한다.

$$동점도 = \frac{절대\ 밀도}{밀도}$$

(4) 점도 지수 (viscosity index)

점도 지수 VI는 온도의 변화에 따른 윤활유의 점도 변화를 나타내는 수치, 즉 지수로서 단위를 사용하지 않는다. VI값은 100을 기준으로 점도 지수가 클수록 온도가 변할 때 점도 변화의 폭이 작다는 것을 의미한다. 동일한 조건의 윤활유인 경우 점도 지수가 높은 윤활유일수록 고급유에 해당된다. 점도 지수는 40℃의 동점도와 100℃의 동점도를 계산에 의하여 구해진다.

(5) 유동점 (pour point)

윤활유를 냉각시켜 온도를 낮추게 되면 유동성을 잃어 마침내는 응고된다. 윤활유가 이와 같이 유동성을 잃기 직전의 온도, 즉 유동할 수 있는 최저의 온도를 유동점(pour point)이라고 한다. 윤활유가 유동성을 잃고 응고되는 것은 대개 두 가지 원인에 의한다.

(가) 왁스 유동점 (wax pour point)

윤활유 중에 함유된 파라핀 왁스(paraffin wax)가 결정 화합과 동시에 결정 격자 등으로 유분이 흡수되어 전체가 고화되는 현상이다.

(나) 점도 유동점 (viscosity pour point)

온도가 하강함에 따라 점도가 극단적으로 커져서 일정 온도에서는 유동하지 않는 현상으로서 대체로 윤활유의 점도가 300,000cSt에 달하면 유동성을 잃게 된다고 한다. 그러나 윤활유의 응고 현상은 대부분 왁스의 결정 때문이다.

(6) 인화점 (flash point)

석유 제품은 모두 그들의 온도에 상당하는 증기압을 갖기 때문에 이들은 어느 온도까지 가열하게 되면 증기가 발생하게 되고 그 증기는 공기와의 혼합 가스로 되어 인화성 또는 약한 폭발성을 갖게 된다. 이 혼합 가스에 외부로부터 화염을 접근시키면 순간적으로 섬광을 내면서 인화되어 발생 증기가 소멸된다. 이때의 온도를 인화점이라고 한다. 석유 제품에서 인화점

[표 2-13] 석유 제품의 인화점

가 솔 린		−20℃
등 유		30~60℃
중 유		55~100℃
윤 활 유	light stock	130~170℃
	SAE 10	220℃
	SAE 30	260℃
	SAE 50	320℃

은 대단히 중요하다. 그것은 인화의 위험을 표시하는 척도로서 사용되기 때문에 취급 및 사용 상에서뿐만 아니라 불순물의 혼입을 판단하는 데 유용하다. 석유 제품의 인화점 범위는 다음과 같다.

(7) 전산가(TAN : total acid number)

오일 중에 포함되어 있는 산성 성분의 양을 나타내며, 시료 1g 중에 함유된 전산성 성분을 중화하는 데 소요되는 수산화칼륨(KOH)의 양을 mg수로 표시한 값이다. 전산가의 값이 클수록 윤활유의 산화가 증가되었음을 의미한다.

(8) 전알칼리가(TBN : total base number)

시료 1g 중에 함유된 전 알칼리성 성분을 중화하는 데 소요되는 산과 같은 당량의 수산화칼륨(KOH)의 양을 mg수로 표시한 것이다.

(9) 잔류 탄소분(carbon residue)

잔류 탄소분이란 기름의 증발, 오일을 공기가 부족한 상태에서 불완전 연소시켜 열분해 후에 발생되는 탄화 잔류물이다. 고온으로 작동되는 내연 기관용 윤활유에는 잔류 탄소분으로 인하여 윤활유의 산화와 부식을 촉진하게 한다. 보통 휘발성이 높고 점도가 낮은 윤활유는 잔류 탄소분이 적다.

(10) 동판 부식(copper strip corrosion)

동판 부식 시험은 기름 중에 함유된 유리 유황 및 부식성 물질로 인한 금속의 부식 여부에 관한 시험이다. 시험 방법은 잘 연마된 동판을 시료에 담그고 규정 시간, 규정 온도로 유지한 후 이것을 꺼내어 세정하고 동판 부식 표준 시험편과 비교하여 시료의 부식성을 판정한다.

(11) 황산회분(sulfated ash content)

황산회분이란 시료가 연소하고 남은 탄화 잔류물에 황산을 가하여 가열한 후 황량으로 된 회분을 말한다. 따라서 황산회분은 윤활유의 첨가제를 정량적으로 측정하는 데 그 목적이 있다.

(12) 산화 안정도(oxidation stability)

윤활유는 탄화수소 화합물이므로 공기 중의 산소와 반응해서 산화되기 쉽다. 특히 산화 조건인 온도 촉매에서 반응 속도가 빨라지고 윤활유가 산화를 받으면 물질 특성의 변화를 가져온다. 따라서 윤활유의 산화 안정도 시험은 내산화도를 평가하는 방법이고, 이것은 윤활유를 일정 조건(온도, 시간, 촉매)에서 산화시킨 후 신유와의 점도비, 전산가 증가 및 래커도를 시험하여 오일의 산화 안정성을 평가한다.

(13) 주도 (cone penetration)

그리스의 주도는 윤활유의 점도에 해당하는 것으로서 그리스의 굳은 정도를 나타내며, 이것은 규정된 원추를 그리스 표면에 떨어뜨려 일정 시간(5초)에 들어간 깊이를 측정하여 그 깊이 (mm)에 10을 곱한 수치로서 나타낸다.

① 혼화 주도 : 시험 온도를 25°C로 유지하여 혼화기 내에서 그리스를 60회 혼화한 후 측정한 주도

② 불혼화 주도 : 그리스를 혼화하지 않는 상태로 측정한 주도

③ 고형 주도 : 절단된 고형 시료를 25°C에서 측정한 주도로서 주도가 85 이하인 그리스에 적용된다.

(14) 적점 (dropping point)

그리스를 가열했을 때 반고체 상태의 그리스가 액체 상태로 되어 떨어지는 최초의 온도를 말한다. 그리스의 적점은 내열성을 평가하는 기준이 되고 그리스의 사용 온도가 결정된다.

(15) 이유도 (oil separation)

그리스를 장기간 사용하지 않고 저장할 경우 또는 사용 중 그리스를 구성하고 있는 기름이 분리되는 현상을 말한다. 이것을 또 이장(離奬) 현상이라 한다. 이장 현상은 그리스의 제조 시 농축이 잘못된 경우와 사용 과정에서 외력이 작용하여 온도가 상승한 경우 발생된다.

(16) 혼화 안정도 (working stability)

그리스의 전단 안정성, 즉 기계적 안정성을 평가하는 방법이다. 시험 방법은 혼화기에 시료를 채우고 혼화 장치에서 10만회 혼화한 후 주도를 측정해서 주도 변화를 비교 측정하는 방법이다.

3-4 윤활유의 첨가제

윤활 기유는 각종 기계의 요구 성능에 맞는 여러 종류의 첨가제를 가하여 사용하게 된다. 대표적인 첨가제의 종류와 특성은 다음과 같다.

(1) 점도 지수(VI) 향상제(viscosity index improvers)

온도 변화에 따른 점도 변화의 비율을 낮게 하기 위하여 VI 향상제를 사용한다.

(2) 유성 향상제(oilness improvers)

유성 향상제는 금속의 표면에 유막을 형성시켜 마찰계수를 작게 하여 유막이 끊어지지 않도록 한다.

(3) 청정 분산제(detergent and dispersant)

산화에 의하여 금속 표면에 붙어 있는 슬러지나 탄소 성분을 녹여 기름 중의 미세한 입자 상태로 분산시켜 내부를 깨끗이 유지하는 역할을 한다.

(4) 산화 방지제(antioxidant)

공기 중의 산소에 의하여 산화되는 것을 방지하고 슬러지 생성을 억제하는 역할을 한다.

(5) 극압제(extreme pressure additives)

EP유라고 하며 큰 하중을 받는 베어링의 경우 유막이 파괴되기 쉬우므로 이를 방지하기 위하여 극압 첨가제가 사용된다.

(6) 유동점 강하제(pour point depressants)

저온일 때 왁스분의 성장을 저지시켜 유동성을 높여 주는 첨가제이다.

(7) 소포제(antifoam agents)

윤활유가 밸브 등을 통과할 때 발생되는 거품을 빨리 소포시키기 위한 첨가제이다.

(8) 방청제(antirust additives)

금속에 피막을 이루어 녹의 발생을 억제하는 데 사용된다.

(9) 착색제(dye)

윤활유의 누설을 쉽게 하기 위하여 오일에 색소를 넣어 사용한다.

(10) 유화제(emulsifier)

물과 안정된 유화액을 이루도록 사용되는 첨가제이다.

[표 2-14] 윤활유 첨가제 배합의 예

	산화 방지제	청정 분산제	점도 지수 향상제	유동점 강하제	극압 첨가제	방청제	유화제	소포제	냉각성 향상제
엔진유	○	○	△	△	△			○	
차량용 기어유	○	△	△	△	○			○	
자동 변속 기유	○	○	○	△	○			○	
선박용 실린더유	△	○							
터빈유	○				△	○		○	
유압 작동유	○		△	△	△	○	△	○	
공업용 기어유	○				○	○		○	
압축 기유	○	△				△			
냉동 기유	△							△	
압연유	△				△	△	△	△	
절삭유	△				○	○	△	△	
안내면유	○				○	○		△	
방청유	△					○		△	
열 처리유	△								○

3-5 윤활유의 선정 기준

윤활유 제품의 품질 기준은 '석유산업법 제24조 제1항'과 관련하여 다음 각목의 품질 기준에 적합하여야 한다.

(1) 내연 기관용 윤활유

품질 기준은 한국산업규칙 KS M 2121에 따른다.

(2) 2사이클 가솔린 기관용 윤활유

2사이클 가솔린 기관용 윤활유는 주로 2사이클 가솔린 기관의 윤활유로서 다음의 품질 기준에 적합하여야 한다.

(3) 기계유

품질기준은 한국산업규격 KS M 2126에 따른다.

(4) 기어유

품질 기준은 한국산업규격 KS M 2127에 따른다.

[표 2-15] 가솔린 기관용 윤활유의 품질 기준

항 목 \ 종류(점도 등급)	순간 혼합형 2호 (SAE20)	윤활유 주입형 2호 (SAE20)	표준형 3호 (SAE30)	표준형 4호 (SAE40)
인화점(℃)	50 이상	80 이상	190 이상	195 이상
동점도(100℃, cSt)	5.6 이상 9.3 미만		9.3 이상 12.5 미만	12.5 이상 16.3 미만
점도 지수	100 이상	96 이상	75 이상	70 이상
유동점(℃)	−25.0 이하	−22.5 이하	−12.5 이하	−10.0 이하
전알카리값(mgKOH/g)	2 이상		0.5 이상	
황산회분(무게 %)	0.7 이하	1.0 이하	−	
산화 안정도 (165.5℃ 24h) 점도비	−		2.0 이하	
산화 안정도 (165.5℃ 24h) 전산값의 증가 (mgKOH/g)	−		3.0 이하	

(5) 냉동기유

품질 기준은 한국산업규격 KS M 2128에 따른다.

(6) 터빈유

품질 기준은 한국산업규격 KS M 2120에 따른다.

(7) 베어링 윤활유

품질 기준은 한국산업규격 KS M 2114에 따른다.

(8) 자동 변속 기유

자동 변속 기유는 자동차의 자동 변속기에 사용하는 윤활유로서 다음의 품질 기준에 적합하여야 한다.

(9) 열 처리용유

품질 기준은 한국산업규격 KS M 2170에 따른다.

(10) 압축 기유

품질 기준은 한국산업규격 KS M 2500에 따른다.

[표 2-16] 자동 변속기유의 품질 기준

항 목		구 분	품질 기준
인화점(℃)			170 이상
연소점(℃)			185 이상
동점도(100℃, cSt)			5.5 이상
저온 점도 특성(-30℃, cp)			5,000 이하
점도 지수			120 이상
유동점(℃)			-40.0 이하
동판 부식(150℃,3h)			2 이하
방청 성능(60℃/24h, 증류수)			녹이 없을 것
기포성(㎖)	24℃	기포도	100 이하
		기포 안정도	0 이하
	93.5℃	기포도	100 이하
		기포 안정도	0 이하
	93.5℃ 후 24℃	기포도	100 이하
		기포 안정도	0 이하
산화 안정도 (150℃/96h)		점도비	1.2 이하
		전산값의 증가(mgKOH/g)	2.0 이하
		락카도	부착 없음

주) 저온 점도 특성 시험 방법은 ASTM D 2983에 따른다.

(11) 유압 작동유

품질 기준은 한국산업규격 KS M 2129에 따른다.

유압 작동유는 유압 작동용으로 사용하는 윤활유로서 물 및 침전물을 함유하지 아니하고 다음의 품질 기준에 적합하여야 한다.

(12) 열 매체유

품질 기준은 한국산업규격 KS M 2501에 따른다.

(13) 절삭유제

품질 기준은 한국산업규격 KS M 2173에 따른다.

(14) 전기 절연유

품질 기준은 한국산업규격 KS M 2301에 따른다.

[표 2-17] 유압 작동유의 품질 기준

종 류＼항 목	ISO VG 15	ISO VG 22	ISO VG 32	ISO VG 46	ISO VG 68	ISO VG 100	ISO VG 150	ISO VG 220	VG 38	VG 56
인화점(℃)	140 이상	160 이상	170 이상		200 이상				170 이상	200 이상
동점도 (40℃, cSt)	13.5 이상 16.5 이하	19.8 이상 24.2 이하	28.8 이상 35.2 이하	41.4 이상 50.6 이하	61.2 이상 74.8 이하	90.0 이상 110 이하	135 이상 165 이하	198 이상 242 이하	35.2 초과 41.4 미만	50.6 초과 61.2 미만
점도 지수	80 이상		90 이상							
유동점(℃)	−30.0 이하	−25.0 이하	−22.5 이하	−22.5 이하	−20.0 이하	−15.0 이하	−7.5 이하		−22.5 이하	−22.5 이하
동판 부식 (100℃, 3h)	1 이하									
방청 성능 (60℃/24h, 증류수)	녹이 없을 것									
기포성 (mℓ) — 24℃ — 기포도	100 이하									
기포성 (mℓ) — 24℃ — 기포 안정도	10 이하									
기포성 (mℓ) — 93.5℃ — 기포도	100 이하									
기포성 (mℓ) — 93.5℃ — 기포 안정도	10 이하									
기포성 (mℓ) — 93.5℃ 후 24℃ — 기포도	100 이하									
기포성 (mℓ) — 93.5℃ 후 24℃ — 기포 안정도	10 이하									
유화 특성(54℃, 분)	30 이하 (물 분리도는 유화층의 부피가 3mℓ 되었을 때의 시간)									

(15) 프로세스유

품질 기준은 한국산업규격 KS M 2162에 따른다.

(16) 그리스

(가) 그리스

품질 기준은 한국산업규격 KS M 2130에 따른다.

(나) 경질 그리스

품질 기준은 한국산업규격 KS M 2134에 따른다.

(다) 방청 그리스

품질 기준은 한국산업규격 KS M 2136에 따른다.

(17) 방청유

(가) 기화성 방청유

품질 기준은 한국산업규격 KS M 2209에 따른다.

(나) 지문 제거형 방청유

품질 기준은 한국산업규격 KS M 2210에 따른다.

(다) 방청 윤활유

품질 기준은 한국산업규격 KS M 2211에 따른다.

(라) 용제 희석형 방청유

품질 기준은 한국산업규격 KS M 2212에 따른다.

(마) 방청 페트롤레이텀

품질 기준은 한국산업규격 KS M 2213에 따른다.

4. 그리스

그리스(grease)는 '액체 상태의 윤활제(광유 또는 합성유) 중에 증주제(금속 비누 또는 비비누 물질)를 혼합한 후 각종 첨가제를 배합한 반고체 윤활제' 라고 정의할 수 있다. 그리스는 단순히 매우 점도가 높은 오일은 아니지만 실제로는 여러 가지 첨가물이 혼합되어 겔(gel) 상태의 물질로 제조된 오일이다.

그리스(grease)라는 말은 지방(fat)을 의미하는 라틴어의 '그루수스(grussus)' 에 어원을 두며, 그리스를 제조하기 시작하던 초창기의 그리스는 천연 지방과 생김새가 매우 흡사하기 때문에 이 단어가 사용되었던 것으로 추정된다. 그리스의 사용은 고대 이집트에서 기원전 1400년 전에 동물성 유지나 식물성 유지와 같은 천연 유지를 사용했다고 알려져 있다.

4-1 그리스의 성분

그리스는 주성분인 기유(base oil)와 그리스의 특성을 결정하는 증주제(thickener) 및 각종 첨가제로 구분되며 그 조성은 다음과 같다.

[표 2-18] 그리스의 조성

그리스	기유	광유계	파라핀계, 나프텐계, 혼합 기유
		합성유계	에스테르계, 폴리알파 올레핀계, 실리콘 오일류, 불소유
	증주제	비누기 유지류	동물유
			식물유
			어유
			정제 유지류
			지방산류
		비누기 기타	나프텐 산, 로진 등
		금속 수산화물	칼슘, 나트륨, 리튬 등의 수산화물
		비비누기 유기물	테레프타라메이트, 폴리우레아, 프탈로시아닌, PTFE 등
		비비누기 무기물	클레이(벤토나이트, Microgel), 실리카 겔 등
	첨가제		산화 방지제, 유성 향상제, 녹 방지제, 부식 방지제, 마모 방지제, 극압 첨가제, 금속 불활성제, 구조 안정제, 점착성 향상제 등

(1) 기유

기유는 그리스에서 윤활의 주체가 되며 전체 조성의 80~90%를 차지한다. 기유에는 정제 광유와 합성유로 구분되며, ISO VG10의 낮은 점도에서부터 ISO VG150의 높은 점도유가 사용되고 있다. 기유를 선정할 때는 보통 고하중, 저속, 고온으로 운전하는 윤활 개소에는 고점도의 기유가 사용되며 경하중, 고속, 저온 윤활 개소에는 저점도의 기유가 사용된다.

(2) 증주제

그리스의 특성을 결정하는 데 매우 중요한 요소가 증주제이며, 그리스의 주도는 증주제의 양에 따라 결정된다. 증주제에는 비누기 증주제와 비비누기 증주제가 있다.

비누기(soap) 증주제는 알카리 금속과 지방산으로 만들어지며 칼슘, 나트륨, 알루미늄 및 리튬 등이 있다. 지방산으로서는 동식물 유지의 지방산이 많이 사용된다. 비비누기(non-soap) 증주제는 무기계와 유기계의 두 종류가 있으며, 비비누기 증주제가 기유에 가해지면 친화성으로 인하여 기유 중에 겔(gel) 상태로 분산되어 그리스를 형성하게 된다.

(3) 첨가제

그리스 첨가제는 그리스의 물리 · 화학적인 성능을 향상시켜 주며, 그리스의 수명 연장과 함께 윤활 부위의 금속 재질에 대한 마모, 부식 및 녹 발생 등의 손상을 최소화시켜 주는 역할을 한다. 그리스를 제조할 때 다음과 같은 여러 종류의 첨가제가 사용된다.

- 유성 향상제
- 구조 안정제
- 방청제
- 녹, 부식 방지제

- 산화 방지제
- 극압 첨가제
- 마모 방지제
- 고체 첨가제

[표 2-19] 그리스 증주제의 종류

중주제			최고 온도, ℃	내수성	안정성
비누기	금속 비누기	칼슘(Ca)-우지계	70	○	△
		칼슘(Ca)-피마자유계	100	○	○
		알루미늄(Al)	80	○	×
		나트륨(Na)	120	×	△
		리튬(Li)-우지계	130	○	○
		리튬(Li)-피마자유계	130	○	◎
	복합	칼슘 복합(Ca-Cx)	150	○	○
		알루미늄 복합(Al-Cx)	150	◎	◎
		리튬 복합(Li-Cx)	150	○	◎
비비누기	유기	우레아 / 디우레아	180	◉	◉
		우레아 / 트리우레아	180	○	△
		우레아 / 테트라우레아	180	○	△
		소듐텔레프타라메이트	180	○	○
		P.T.F.E.(일명 테프론)	250	◉	◉
	무기	유기화 벤토나이트(클레이)	200	△	○
		실리카겔	200	×	×

◉ : 매우 우수   ◎ : 우수   ○ : 양호   △ : 보통   × : 나쁨

4-2 그리스 윤활의 특징

그리스 윤활을 윤활유와 비교하면 다음과 특징이 있다.

(1) 그리스 윤활의 장점

- 밀봉 효과가 크다.
- 이물질 혼입이 방지된다.
- 급유가 비교적 용이하다.
- 내수성이 강하다.
- 적하 유출이 적다.
- 비교적 높은 온도에도 사용이 가능하다.
- 장기간 보존이 가능하다.
- 내하중성이 우수하다.

(2) 그리스 윤활의 단점

- 냉각 효과가 낮다.
- 이물질이 혼합 시 제거가 곤란하다.
- 급유, 교환 등이 불편하다.

[표 2-20] 윤활유와 그리스 윤활의 비교

	윤활유	그리스
회전 속도	범위가 넓다.	초고속에는 곤란
회전 저항	작다.	초기 저항이 크다.
냉각 효과	크다.	작다.
누설	많다.	적다.
밀봉 장치	복잡	용이
순환 급유	용이	곤란
먼지 여과	용이	곤란
교환	용이	곤란

4-3 그리스의 주도

그리스의 주도(penetration)는 윤활유의 점도에 해당하는 것으로서 무르고 단단한 정도를 나타낸 값으로서 기유 및 증주제의 종류에 의하여 결정된다.

주도는 규정된 150g의 원추를 규정 용기 중의 시료에 일정한 높이에서 낙하시켜 원추가 5초 동안 침투한 깊이를 밀리미터(mm)로 측정하여 측정된 mm 수치의 10배의 수치로 표시한다. 예를 들면 추가 20mm를 침투하였다면 주도는 200으로 표시된다.

미국윤활그리스협회(NLGI)의 규정에 의한 분류는 [표 2-21]과 같다.

[표 2-21] 그리스의 주도 분류

NLGI 주도 번호	ASTM 혼화 주도	외관
000	445~475	유동상(액상 그리스)
00	400~430	반유동상(액상 그리스)
0	355~385	반유동상 ~ 연질
1	310~340	연질
2	265~295	보통
3	220~250	보통~약한 경질
4	175~205	약한 경질
5	130~160	경질
6	85~115	고체

[표 2-22] 그리스의 사용 주도

NLGI 주도 번호	000	00	0	1	2	3	4	5	6
손 공급					○	○	○		
브러시 공급	○	○	○						
컵 윤활				○	○	○	○	○	
건급지			○	○	○				
중앙 집중 급지	○	○	○	○	○				
블록 급지							○	○	○

핵 심 문 제

1. 경계 윤활에 대하여 설명하시오.
2. 윤활유의 작용에 대하여 설명하시오.
3. 원유의 주요 성분은 무엇인가?
4. 원유의 화학적 성질에 의한 분류 중 파라핀계와 나프타계의 성질을 비교 설명하시오.
5. 윤활 기유(base oil)의 특성을 설명하시오.
6. 윤활의 점도에 따른 분류법 중 SAE 등급을 설명하시오.
7. 동점도에 대하여 설명하시오.
8. 윤활유의 첨가제 종류를 설명하시오.
9. 그리스의 주요 성분은 무엇인가?
10. 그리스 윤활을 윤활유와 비교할 때 장단점을 설명하시오.
11. 그리스의 주도에 대하여 설명하시오.

연 습 문 제

1. 액체가 유동할 때 나타나는 내부 저항을 의미하며 윤활유의 가장 기본이 되는 성질은?

   ① 점도   ② 비중   ③ 중화가   ④ 적하점

2. 액상 윤활유로서 갖추어야 할 성질을 잘 나타낸 것은?

   ① 유체 윤활유 상태에서 유성이 있을 것
   ② 한계 윤활유 상태에서 유성이 없을 것
   ③ 한계 윤활유 상태에서 유성이 있을 것
   ④ 경계 윤활유 상태에서 유성이 있을 것

3. 그림과 같은 윤활 상태를 무엇이라 하는가?

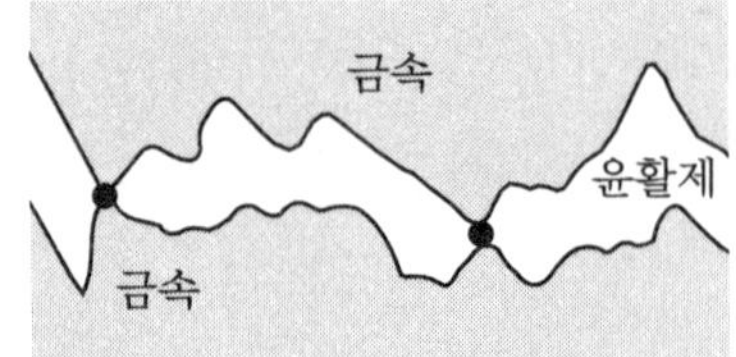

   ① 경계 윤활   ② 유체 윤활   ③ 후막 윤활   ④ 극압 윤활

4. 공업용 윤활유에 ISO VG 32로 표시되어 있다. 여기서 VG의 의미는?

    ① 점도 등급　　　　② 점도 지수　　　　③ 점도 한계　　　　④ 점도계의 등급

5. 윤활유를 선정할 때 가장 기본적이고 먼저 검토해야 할 사항은?

    ① 적정 점도　　　　② 운전 속도　　　　③ 급유 방법　　　　④ 관리 방법

6. 윤활유의 점도에 대한 설명이다. 잘못된 것은?

    ① 윤활유의 점도가 높을수록 유막 형성이 잘 된다.
    ② 여름철에는 고점도유를 사용한다.
    ③ 윤활유의 점도 지수가 클수록 온도의 변화에 대하여 점도 변화가 크다.
    ④ 겨울철에는 점도가 높은 것을 쓰면 응고되기 쉽다.

7. 윤활유가 유화(Emulsification)되는 원인에 대한 설명 중 틀린 것은?

    ① 기름의 산화가 상당히 일어났을 때
    ② 분사 상태가 불량하여 연료가 혼입되었을 때
    ③ 윤활유가 열화하여 고점도유에 이르렀을 때
    ④ 수분과 접촉이 많을 때

8. 다음 원유의 분류 방법이 아닌 것은?

    ① 파라핀기　　　　② 나프텐기　　　　③ 올레핀기　　　　④ 지방유기

9. 윤활 개소의 혼입한 이물질을 무해한 형태로 바꾸든가 외부로 배출하여 깨끗이 해 주는 작용은?

    ① 냉각 작용　　　　② 방청 작용　　　　③ 방진 작용　　　　④ 청정 작용

10. 윤활유를 선정하고자 할 때 고려해야 할 사항이 아닌 것은?

    ① 산화 안정성　　　　② 저 유동성　　　　③ 내열성　　　　④ 주위 온도

11. 윤활유가 활동 부분에 가해진 힘을 분산시켜 균일하게 하는 작용은?

    ① 동력 전달　　　　② 방청 분산　　　　③ 응력 분산　　　　④ 감마 분산

12. 윤활유 중에 연료 및 다량의 수분이 혼입하였을 경우 일어나는 현상은?

    ① 희석　　　　② 탄화　　　　③ 동점도 증가　　　　④ 전산가 감소

정 답 ｜ 4. ① 5. ① 6. ③ 7. ② 8. ④ 9. ④ 10. ② 11. ③ 12. ①

13. 금속 가공유에 해당되지 않는 것은?

① 압연유　　　② 연삭유　　　③ 절삭유　　　④ 방청유

14. 윤활유의 극압제로는 일반적으로 잘 사용하지 않는 원소는?

① 염소(Cl)　　　② 유황(S)　　　③ 인(P)　　　④ 텅스텐(W)

15. 유압 작동유가 점도가 너무 낮을 경우 발생되는 현상과 거리가 먼 것은?

① 내부 누설 발생　　　② 정밀 제어 곤란　　　③ 응답성 저하　　　④ 마모 증대

16. 다음 원유의 분류 방법이 아닌 것은?

① 파라핀기　　　② 올레핀기　　　③ 나프텐기　　　④ 지방유기

17. 다음 중 방청유의 종류에 해당되는 것은?

① 지문 제거형　　　② 유압 작동유　　　③ 압연유　　　④ 절삭유

18. 다음 중 전기 절연유가 아닌 것은?

① 광유　　　② 합성유　　　③ 알킬벤젤유　　　④ 돈유

19. 동점도를 올바르게 나타낸 단위는?

① sec/m^2　　　② sec/cm^2　　　③ m^2/sec　　　④ cm^2/sec

20. 다음 중 윤활유가 작동 부위에 가해진 힘을 분산시키도록 하는 작용은?

① 응력 분산　　　② 방청 분산　　　③ 동력 분산　　　④ 내압 분산

21. 윤활유의 점도 및 용도에 따라 1종(NP-7), 2종(NP-8), 3종(NP-9), 4종(NP-10)으로 분류되며, 내연 기관의 방청유로 적합한 방청유는?

① 방청 그리스　　　② 용제 희석형　　　③ 와셀린　　　④ 윤활

22. 윤활유의 가장 기본이 되는 성질로서 액체의 유동 시 나타나는 내부 저항을 의미하는 성질은?

① 비중　　　② 주도　　　③ 산화 안정도　　　④ 동점도

정답 ｜ 13. ④　14. ④　15. ④　16. ④　17. ①　18. ④　19. ④　20. ①　21. ④　22. ④

23. 액상 윤활유로서 갖추어야 할 올바른 성질은?

　　① 한계 윤활 상태에서 내유성이 클 것
　　② 경계 윤활 상태에서 내유성이 클 것
　　③ 고속 회전 상태에서 주도가 클 것
　　④ 저속 회전 상태에서 주도가 클 것

24. 윤활 개소에 혼입한 이물질이나 불순물을 외부로 배출시켜 깨끗이 해 주는 작용은?

　　① 방청 작용　　　　② 냉각 작용　　　　③ 청소 작용　　　　④ 청정 작용

25. 산업용 윤활유 통에 ISO VG 32로 표시되어 있다. 여기서 VG의 의미는?

　　① 점도 등급　　　　② 주도 등급　　　　③ 종류 등급　　　　④ 용도 등급

제3장
윤활제의 급유법

1. 개 요

상대 운동을 하는 마찰면에 원활한 윤활 상태를 유지하기 위해서는 적정 윤활제의 선정도 중요하지만 윤활제를 어떻게 공급할 것인가도 매우 중요하다. 올바른 윤활제 급유 방법의 선정에는 마찰면의 형상, 미끄럼 방향, 하중의 경중과 성질, 미끄럼 속도, 베어링의 정밀도, 윤활제의 종류, 사용 온도 등 제반 요건 등을 고려하여 결정해야 한다.

[표 3-1] 윤활제의 공급 방식 분류 일람표

- 윤활제의 공급법
  - 윤활유 급유법
    - 비순환 급유법
      - 손 급유법
      - 적하 급유법
        - 가시 적하 급유법
        - 사이펀 급유법
        - 실린더용 적하 급유법
        - 바늘 급유법
        - 플런저식 압입 적하 급유법
        - 펌프 연결식 압입 적하 급유법
      - 가시부상 유적 급유법
        - 기계적 유적 급유 가시법 부상
        - 실린더용 유적 급유법 가시 부상
    - 순환 급유법
      - 강제 순환 급유법
      - 비말 급유법
      - 중력 순환 급유법
      - 원심 급유법
      - 유욕 급유법
      - 유륜식 급유법
      - 패드 급유법
  - 반고체 윤활제 공급법
  - 고체 윤활제 공급법

1-1 윤활제의 공급 방식

윤활제를 올바르게 급유하기 위해서는 적정 급유 구조와 효율적인 윤활 방식의 선정이 중요하다. 윤활제의 공급 방식은 [표 3-1]과 같이 분류된다.

1-2 윤활 방식의 선정

윤활유의 급유 방법을 선정할 때 필요한 사항은 다음과 같다.

(1) 윤활 개소의 결정

윤활 장치에 적정 윤활 개소의 결정은 윤활 작용에 중요한 요소가 된다. 수급유나 자기 순환 급유와 같이 급유 장치가 간단한 경우도 있지만 윤활면의 온도가 높아 냉각을 필요로 하는 경우에는 순환 급유 장치가 요구된다. 그러나 윤활유를 사용할 수 없는 환경인 경우 냉각 방법과 윤활면의 재질을 고려한 내열 그리스의 수급유 또는 집중 급유 장치를 선정한다.

(2) 급유 위치

급유할 부위가 너무 높은 곳에 있거나 급유하기가 위험한 부위인 경우의 급유에는 자동 집중 급유 장치나 급유 빈도가 적은 급유 방법을 선택한다.

(3) 윤활제

대부분의 윤활 개소에는 자기 순환 급유법 또는 강제 윤활법이 널리 사용되고 있다. 일반적으로 구름 베어링은 그리스를 사용하며, 미끄럼 베어링은 윤활유를 사용하고 있다.

(4) 급유 빈도

윤활제의 급유 빈도는 윤활 부분의 구조와 사용 개소에 의하여 결정된다. 기어나 고속으로 회전하는 구름 베어링은 연속 급유가 요구되며, 발열이 적은 경우에는 적하 급유법이나 자기 순환 급유법이 사용된다. 발열이 많은 경우에는 강제 순환 급유 장치가 요구된다.

(5) 급유 방법

윤활유의 급유법에는 비순환 급유법과 순환 급유법이 있으며, 그리스의 급유법에는 그리스 패킹이나 그리스 충진 베어링 및 집중 그리스 윤활 장치 등이 있다.

2. 윤활유 급유법

윤활유의 급유법은 크게 비순환 급유법과 순환 급유법으로 분류된다. 비순환 급유법은 사용한 윤활유를 회수하지 않고 폐기하는 방식의 급유법이므로 소량의 윤활유를 사용하게 된다. 순환 급유법은 사용된 윤활유를 회수하여 반복하여 공급하는 순환 방식의 급유법이다. 일반적으로 자기 순환 급유법과 펌프를 이용한 강제 급유 장치가 있다.

2-1 비순환 급유법

이 방법은 순환 급유법을 채용할 수 없는 경우에 사용되는 급유법으로 윤활유의 열화가 쉽게 발생되는 경우라든지, 고온으로 인하여 윤활유의 증발이 쉽게 생길 경우 또는 기계의 구조상 순환 급유법을 채용할 수 없는 경우 등에 사용된다.

급유법에는 손 급유법, 적하 급유법, 가시부상(可視浮上) 유적 급유법 등이 있다.

(1) 손 급유법 (hand oiling)

윤활 부위에 오일을 손으로 급유하는 가장 간단한 방법으로 기계적 급유법을 사용할 수 없는 곳 또는 마찰면의 미끄럼 속도가 낮고 경하 중인 경우에 사용한다. 급유원이 마찰면에 직접 급유하는 방법으로서 윤활유를 공급하였을 때만 윤활 상태가 유지되지만 시간의 경과에 따라 마찰면의 오일이 건조 상태로 되기 쉬우므로 점착성이 큰 윤활유가 요구된다.

또한 오일의 소비량이 많고 사용 빈도수가 적은 경우에 주로 이용되고 있다. 사용 예로 방적 기계, 인쇄 기계, 공구, 체인, 와이어로프 등과 같이 윤활 장치에 의하여 윤활유의 공급을 할 수 없는 경우 사용한다.

[표 3-2] 윤활 급유 방법과 사용 윤활유

급유 방법		특 색	윤활유	요구되는 성질
비순환식 급유법	손 급유	급유량 부족	혼성유	
	적하 급유	윤활 양호	석유계 윤활유	
순환식 급유법	패드 급유 유륜식 급유	윤활 양호 〃	〃 〃	산화 안전성 산화 안전성, 항부화성
	유욕 급유	〃	〃	산화 안전성, 열 안정성
	비말 급유 중력 급유	〃 〃	〃 〃	약간 저점도, 산화 안정성 산화 안정성, 열 안정성
	강제 순환 급유	〃	〃	산화 안정성, 유성 청정성, 점도 지수

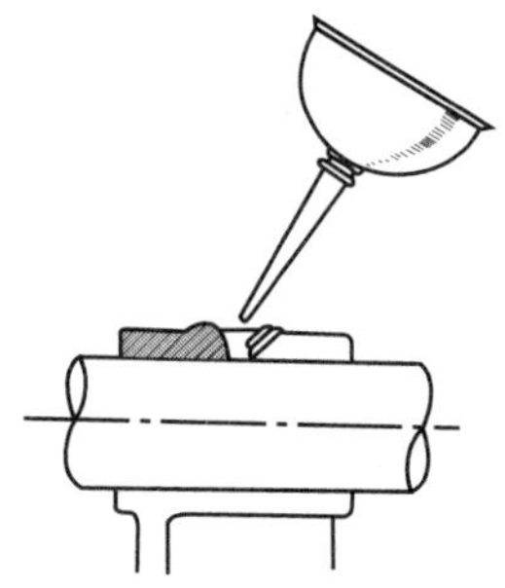

[그림 3-1] 손 급유법

(2) 적하 급유법 (drop-feed oiling)

적하 급유법은 급유되어야 하는 마찰면이 넓은 경우 윤활유를 연속적으로 공급하기 위하여 사용되는 방법으로, 니들 밸브 위치를 이용하여 윤활유의 급유량을 정확히 조절할 수 있는 급유 방법이다.

손 급유법에 비하면 우수한 방법이고 오일의 보충에 주의만 하면 오랫동안 급유를 계속 할 수 있으므로 상당히 널리 사용되고 있으나, 다른 진보된 방법에 비하면 불완전하고 오일의 소비량이 많아 대체로 기관차 등에 사용된다.

(가) 사이펀(siphon) 급유 방법

사이펀 급유법은 베어링의 컵에 오일을 저축하는 오일 탱크가 있다. 이 오일 탱크에는 뚜껑을 씌우고 그 속에는 가는 털실 또는 무명실을 감아서 만든 끈을 넣어 오일이 모세관 작용에 의하여 일단 올라가고 다음에 사이펀 작용에 의하여 적하하는 원리이다. 급유되는 양이 많아 오일의 낭비가 많다는 단점이 있어 소규모의 급유 장치 이외에는 널리 사용되지 않는다.

(나) 바늘 급유법(needle oiling)

바늘 급유법은 [그림 3-3]과 같이 바늘 n을 오일 속에 넣고 축의 회전에 따라 이동시키면 오일이 적하하고 회전이 중지되면 적하를 중지하는 원리이다. 오일은 용기 a에 들어 있

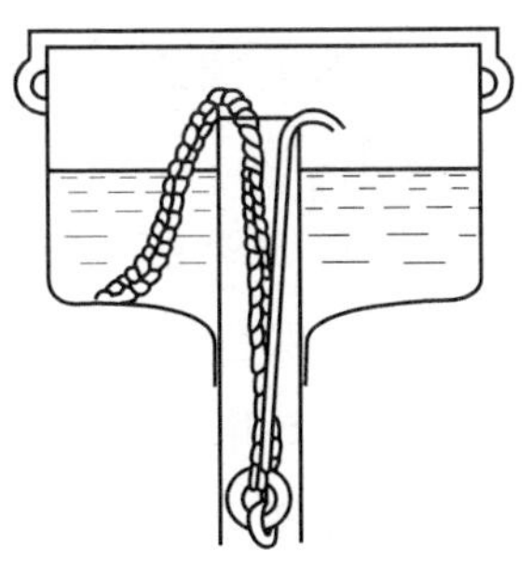

[그림 3-2] 사이펀 급유법

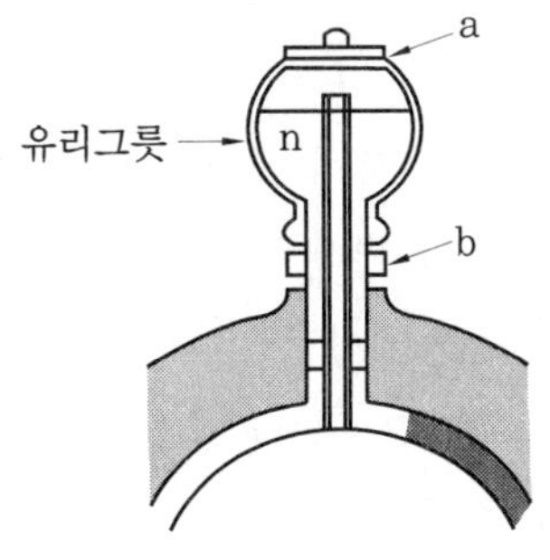

[그림 3-3] 바늘 급유법

고 b는 나무 마개로서 급유량은 바늘의 굵기 여하에 따라 가감할 수 있다. 이 방법은 바늘의 진동에 의하여 급유가 행하여지므로 축의 회전수에 따라 자동적으로 급유량을 조절하는 작용을 한다.

(다) 가시 적하 급유법(sight feed oiling)

[그림 3-4]는 가시 적하 급유법을 나타내고 있다. 오일 용기와 오일이 떨어지는 곳은 유리로 만들어져 있으므로 적하 상태를 바깥에서 볼 수가 있고 니들 밸브(needle valve)로 적하 구멍을 가감하여 주유량을 조정할 수 있으므로 널리 사용된다.

(라) 실린더용 적하 급유법(cylinder feed oiling)

실린더용 급유기에 의해 행하여지는 방법으로서 실린더의 주위에 직접 급유기를 붙여 사용한다. 오일 용기 위와 아래에 각각 콕이 붙어 있어 오일을 넣을 때는 위를 열고 아래 콕을 닫고, 급유할 때는 위를 닫고 아래 콕을 열도록 하여 급유 중 증기압 때문에 오일이 압축되지 않도록 한다.

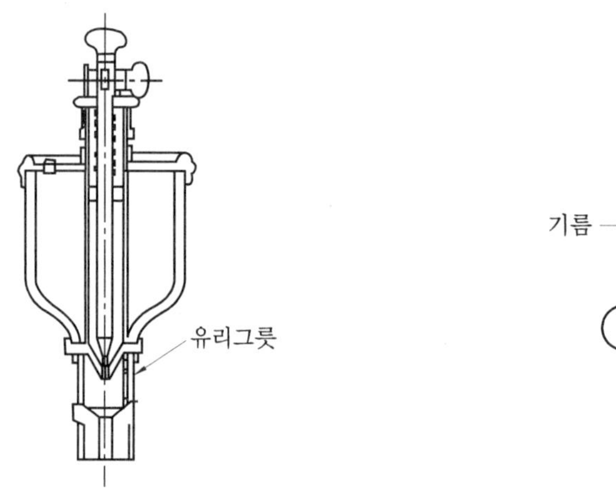

[그림 3-4] 가시 적하 급유법　　　　　[그림 3-5] 실린더 적하 급유법

(3) 가시 부상 유적 급유법(可視浮上油滴給油法)

유적(油滴)을 물 또는 적당한 액체를 가득 채운 유리관 속을 서서히 떠올라오게 하는 급유기를 사용한 것으로서 급유 상태를 뚜렷이 볼 수 있는 장점이 있다.

급유 원리는 윤활유가 [그림 3-6]의 여과막 A에 의해 여과된 후 오일용기 B에 들어간다. 이 오일 용기 속에서 캠 C가 저속으로 회전하면 스프링의 힘을 받는 막대 피스톤 D를 밀어 넣게 된다. 그러면 D는 F에 의하여 C와의 사이에 가감하여 급유의 조절을 할 수 있도록 되어 있다. 오일 용기의 오일은 배출 밸브를 나와 물을 가득히 채우고 있는 가시식 유리부에 떠올라와 위쪽의 유공급관으로 보내 급유하는 방식이다.

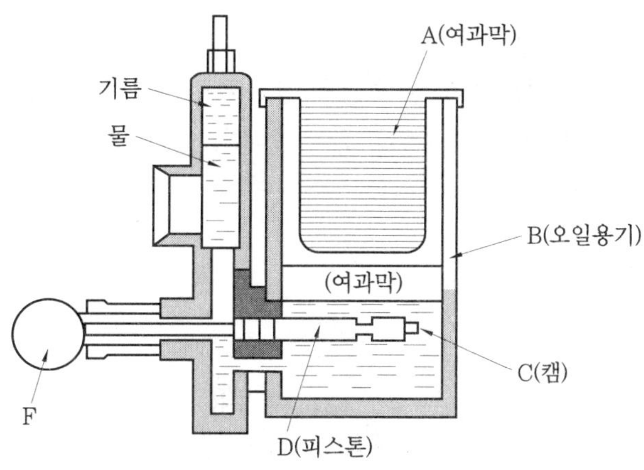

[그림 3-6] 기계적 가시 부상 유적 급유법

2-2 순환 급유법

윤활유를 반복하여 마찰면에 공급하는 방식으로 오일 용기 속에서 오일을 반복하여 사용하는 급유법과, 펌프에 의해 강제 순환시켜 도중에서 오일을 여과하여 세정(洗淨) 또는 냉각하는 방법으로 패드 급유법, 유륜식 급유법, 체인 급유법, 원심 급유법, 유욕 급유법, 나사 급유법, 비말 급유법, 중력 순환 급유법, 강제 순환 급유법 등이 있다.

(1) 패드 급유법 (pad oiling)

패킹을 가볍게 저널에 접촉시켜 급유하는 방법으로 모사(毛絲) 급유법의 일종으로 패드의 모세관 현상을 이용하여 각 윤활 부위에 공급하는 형태의 급유 방식으로 경하중용 베어링에 많이 사용된다. 주로 철도차량에 사용되며 저널의 속도가 너무 빠르면 한쪽에 밀리게 되어 급유가 불충분하게 되고 또 장시간 사용하면 불완전 윤활이 되는 결점도 있다.

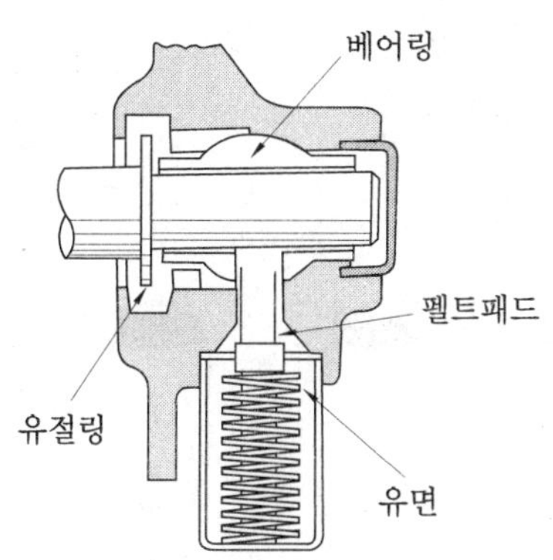

[그림 3-7] 패드 급유법

(2) 체인 급유법(chain oiling)

유륜식 급유법의 경우보다 점도가 높은 오일을 필요로 할 때 사용된다. 저속의 큰 하중을 받는 베어링에 사용되며, 오일 탱크의 유면과 축이 떨어져 있어 오일 링으로서 맞지 않는 경우에 편리하며 공작 기계 등에 사용된다.

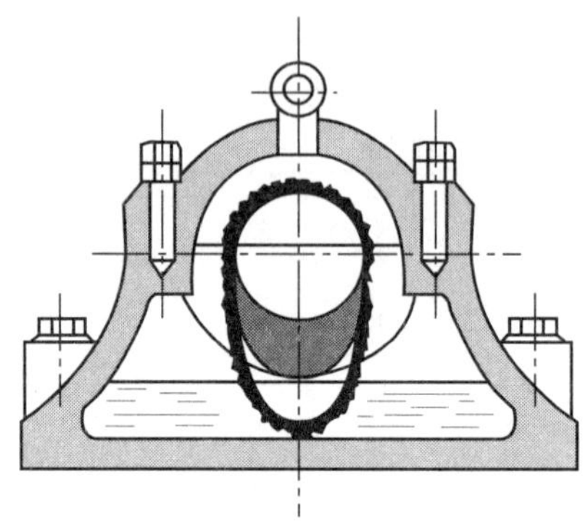

[그림 3-8] 체인 급유법

(3) 유륜식 급유법(ring oiling)

축에 끼운 오일링이 축의 회전에 따라 마찰면에 오일을 운반시켜 윤활 작용을 하는 원리로서 마찰면에서 열을 제거시킨 후 오일 탱크로 되돌아오는 순환식 급유법이다. 이 급유법은 축

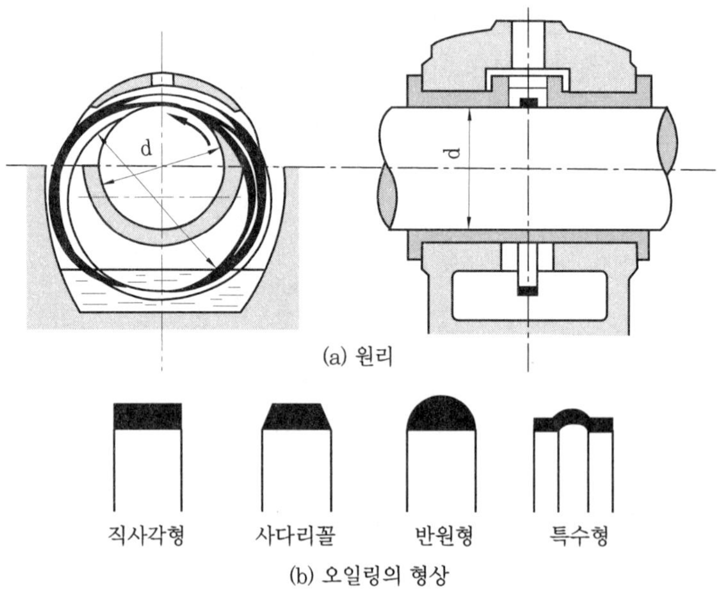

[그림 3-9] 유륜식 급유법

이 1회전마다 운반되어 올라가는 유량과 오일 탱크에 있는 유량의 비가 크므로 모터, 발전기 또는 소형 터빈 등과 같이 고속도 회전의 베어링에 널리 사용된다.

(4) 칼라 급유법(collar oiling)

큰 링을 축에 고정시켜 윤활유를 오일 탱크에서 운반하여 올리는 방식으로 유륜식과 비슷한 원리이다. 칼라는 축에 고정되어 있으므로 오일의 운반이 용이하고 윤활유의 점성에 의하여 급유의 간섭이 일어나지 않는 장점이 있다. 유면의 높이는 칼라 두께의 1/2이 잠길 정도로 유지하도록 하며, 분해기 등의 베어링에 사용된다.

(5) 버킷 급유법(bucket oiling)

칼라 급유와 비슷한 것으로 주로 저속 고하중의 베어링에 있어서 축의 끝이 베어링 일단에서 끝나는 부분에 사용된다. 고점도의 오일을 사용하는 경우와 고온도로 사용되고 있는 베어링에서 냉각으로 인하여 다량의 오일을 필요로 하는 경우에 적합하며 볼밀(ball mill) 등 베어링의 급유법에 이용되고 있다.

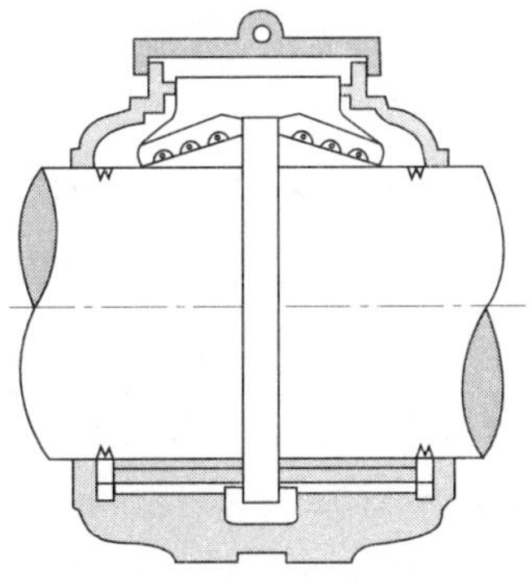

[그림 3-10] 칼라 급유법

(6) 비말 급유법(splash oiling)

기계의 운동부가 오일 탱크 내의 유면에 미소하게 접촉하면 오일이 분무 상태로 오일 용기에 단지에서 떨어져 마찰면에 튀겨 급유하는 방법으로서 여러 개의 다른 마찰면에 동시에 자동적으로 급유할 수 있는 특징이 있다.

(7) 롤러 급유법(roller oiling)

오일 탱크에 있는 롤러를 설치하여 롤러에 부착되는 오일로 윤활하는 급유법이다.

(8) 유욕 급유법(bath oiling)

마찰면이 오일 속에 잠겨서 윤활하는 방법으로 비말 급유법에 비하여 윤활이 원활하고 냉각 효과도 크다. 직립형 수력 터빈의 추력 베어링에 이 방법이 많이 사용되고 방적 기계의 스핀들 또 피치원의 원주 속도가 5m/sec 정도까지의 감속 기어 및 웜 기어 등에 채용되며 롤링 베어링의 윤활에도 많이 사용되고 있다.

(9) 원심 급유법(centrifugal oiling)

원심력을 이용한 방법으로 엔진 종류의 크랭크 핀 급유에 사용된다. 금속제의 바퀴를 크랭크축에 붙이고 그 바퀴로 하여금 원심력에 의하여 오일을 공급한다. 오일은 파이프로 바퀴의 홈 속에 적하하도록 되어 있으므로 바퀴가 회전하면 원심력에 의해 홈 속에 저장되고 구멍을 통해 핀에 급유된다. 그러나 축의 회전이 중지되면 홈 속의 오일이 떨어져서 급유를 할 수 없게 된다.

(10) 나사 급유법(screw oiling)

축면에 나선상의 홈을 만들고 축을 회전시키면 축의 회전에 따라 오일이 홈을 따라 올라가 축면에 급유되는 방법으로 일종의 나사 펌프 급유이며 저속에는 이용되지 않는다.

(11) 중력 순환 급유법(gravity circulation oiling)

임의의 높은 곳에 있는 오일 탱크에서 분배관을 통해 오일을 흘려보내는 방법으로서 각 분배관에는 유적 가시 유리가 구비되어 유량을 조절하며 각 베어링으로 보낸다. 베어링에서 배출된 오일은 오일 파이프를 통해 아래쪽의 탱크에 모여 여과기에서 여과 후 오일 펌프를 통해 최초의 오일 탱크로 돌아간다. 이 중력 순환 급유법은 주로 고급 기계의 저속 기관에 사용되며 점도가 비교적 낮은 오일을 사용할 수 있으므로 동력의 소비가 적은 장점이 있다.

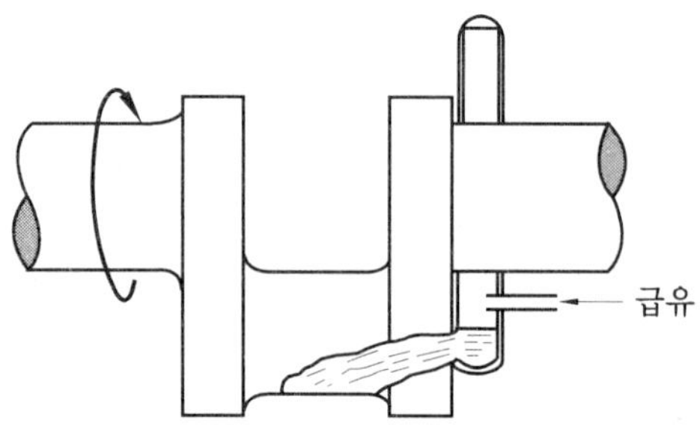

[그림 3-11] 원심 급유법

(12) 강제 순환 급유법 (forced circulation oiling)

고압 고속으로 회전하는 베어링에 윤활유를 펌프에 의하여 강제적으로 밀어 공급하는 방법으로 몇 개의 베어링을 하나의 계통으로 하여 오일을 강제 순환시키는 것이다. 즉 배출된 오일은 다시 오일 탱크에 모이고 여과 냉각 후에 다시 기어 펌프로 순환한다. 내연 기관, 특히 고속의 비행기, 자동차 엔진, 증기 터빈 및 공작 기계 등에 사용된다.

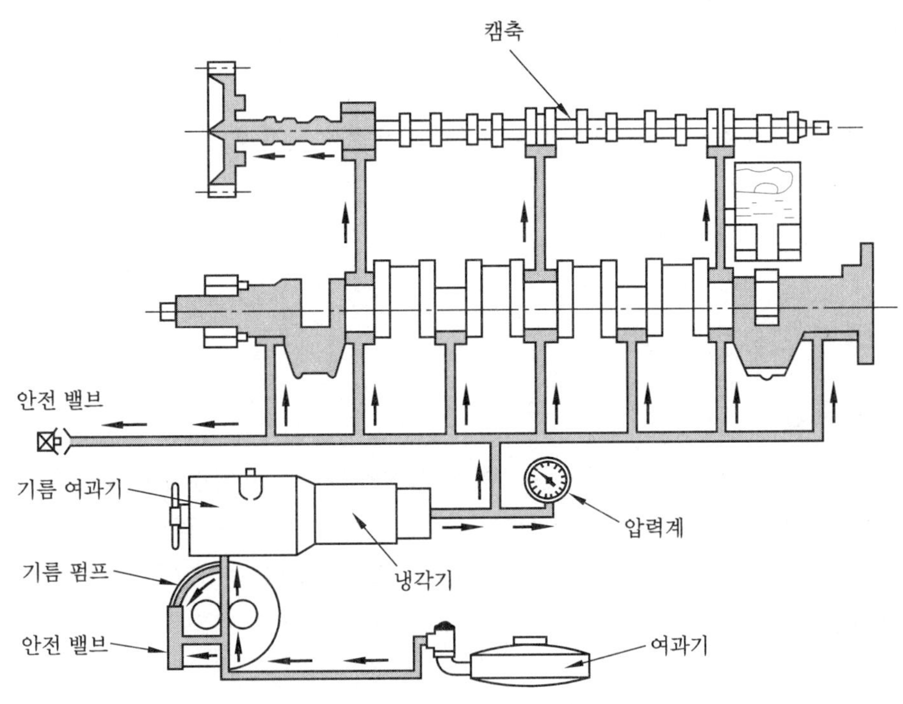

[그림 3-12] 내연 기관의 강제 순환 급유법

(13) 분무 급유법 (fog lubrication)

분무 급유법은 롤링 베어링에 사용되며 공기 압축기, 감압 밸브, 공기 여과기, 분무 장치 등으로 구성된다. 연삭기 휠 스핀들과 같이 열악한 조건에서 고속으로 사용되는 베어링에 대해서 이상적인 윤활법이다. 내면 연삭기의 숫돌축은 매분 10,000회전 이상의 고속으로 운전되므로 보통 윤활 방법에 의하면 베어링의 운전 온도는 보통 60~70에 도달하나 분무 윤활법에 의하면 사용하는 공기의 온도에 따라서 실온 또는 그 이하로 유지하는 것도 가능하다.

3. 그리스 급유법

3-1 개요

그리스의 급유법에는 손 급유법(hand greasing), 그리스 컵(grease cup), 그리스 건 (grease gun) 및 집중 그리스 윤활 장치(centralized grease system)가 있다. 집중 그리스 윤활 장치는 그리스 펌프를 이용하여 여러 윤활 부위에 동시에 일정량의 그리스를 강제적으로 공급하는 방법이다.

집중 그리스 윤활 장치는 급유 개소에 일정량의 급유하고 급유량의 조절할 수 있어야 한다. 구성 요소는 펌프, 분배 밸브, 공급관, 제어 및 지시 장치 등으로 구성되며, 300 이상의 주도를 갖는 그리스를 선택하여 사용한다.

3-2 그리스 급유법의 종류

(1) 그리스 패킹

그리스 윤활을 하는 롤러 베어링에서는 초기에 적량의 그리스를 패킹하여 장시간 사용한다. 그리스의 충진량이 너무 많으면 마찰 손실이 크고 온도가 상승하며 동력의 손실도 클 뿐 아니라 그리스의 누설이 많아지고 변질하기 쉽게 된다. 일반적으로 충진량은 베어링 용적의 약 1/2 정도이다.

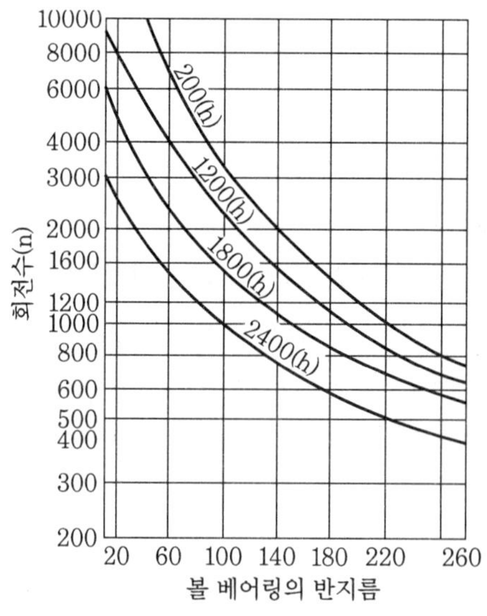

[그림 3-13] 레이디얼 볼 베어링의 그리스 보충 간격(시간)

그리스를 새로운 것으로 바꿀 때는 오래된 그리스를 완전히 제거하고 용제로 깨끗이 청소한 후에 이물질이 침입하지 않도록 특별히 주의하여 새 그리스를 충전하여야 한다. 베어링의 그리스 보충 간격은 운전 조건과 그리스의 성상에 따라서 다르며 SKF에서는 [그림 3-15]와 같다.

(2) 그리스 충진 베어링

미끄럼 베어링의 메탈 상부에 그리스를 충진하여 뚜껑을 덮어 두는 방식으로 저속으로 회전하는 베어링과 선박의 저널 베어링 및 압연기의 롤 베어링 등에 사용된다. 이 베어링은 뚜껑을 달아 불순물의 침입을 방지하고 베어링의 발열로 인하여 그리스가 적점(dropping point) 이상의 온도로 되면 그리스가 유출되므로 베어링의 발열에 특히 주의해야 한다.

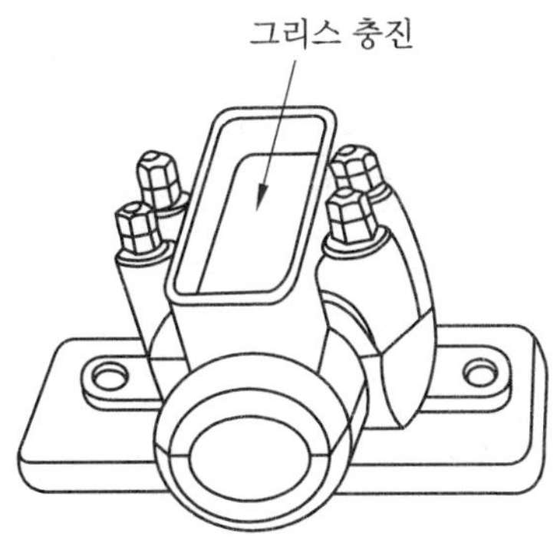

[그림 3-14] 충진 베어링

(3) 그리스 컵

그리스 컵은 [그림 3-17]과 같이 ①은 그리스 ②는 그리스 컵이며, 여기에 스프링이 달려 있다. 컵 속의 그리스가 열에 의해 녹아 ③에서 마찰면으로 공급되는데 그리스를 베어링에 도

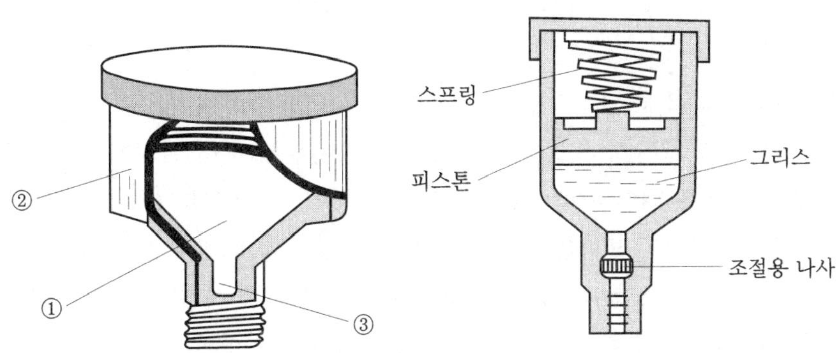

[그림 3-15] 그리스 컵

달시키기 위해 나사로 압입해야 된다. 여기에는 수동식 컵과 스프링식 컵이 있는데 롤러 베어링의 하우징에 설치되어 있는 것은 수동식이 많다. 그리스는 적점(dropping point) 이상의 온도가 아닌 보통 사용 온도 범위 내에서는 스스로 그리스의 구멍을 통해 윤활면에 들어가지 않으므로 이 점에서는 스프링식이 가장 합리적이다.

(4) 그리스 건(gun)

베어링에 그리스를 충전하는 휴대용 그리스 펌프로서 1회의 공급으로 적정 시간 운전에 적합할 경우 그리스 건이 사용된다.

(5) 그리스 펌프

그리스 펌프는 그리스 주유기(grease lubricator)라고도 부르며 전동식과 수동식이 있다. 그리스 펌프는 여러 개의 펌프 유닛을 가지고 상당수의 마찰면에 자동적으로 일정량의 그리스를 압송할 수 있으므로 그리스 건(gun)보다 훨씬 우수한 방법이다. 그러나 이 형식은 마찰면까지의 먼 거리에 대하여 각각 그 수만큼의 배관이 필요하다.

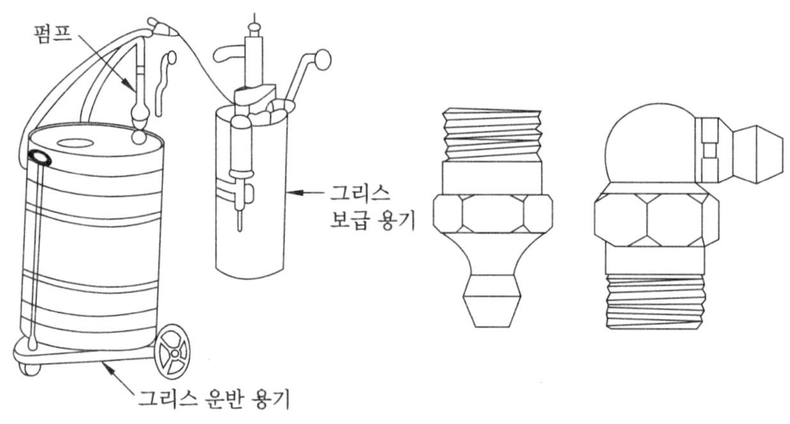

[그림 3-16] 그리스 펌프와 니플

(6) 집중 그리스 윤활 장치

집중 그리스 윤활 장치는 그리스 펌프를 주체로 하여 이로부터 관지름이 2인치 정도의 주관을 시공하고 분배관을 배열하여 다수의 베어링에 동시 일정량의 그리스를 확실히 급유하는 방법이다. 주관에서 분배된 분배관에는 베어링 바로 앞에 분배 밸브를 장치하여 분배 밸브의 조정으로 임의의 양을 공급할 수 있다. 그리스 펌프는 전동기 직결 또는 수동식인데 큰 계통의 것은 전동기와 타이머 장치에 의해 자동적으로 전동기의 스위치가 단속되어 규정된 시간대로 간헐적으로 급유된다.

핵 심 문 제

1. 윤활유의 급유 방법을 선정할 때 주의 사항에 대하여 설명하시오.

2. 윤활유의 급유법 중 비순환 급유법과 순환 급유법의 종류를 기술하시오.

3. 그리스 급유법의 종류를 설명하시오.

4. 집중 그리스 윤활 장치에 대하여 설명하시오.

연 습 문 제

1. 윤활제의 급유 방법 중 비순환 급유법에 해당하지 않은 것은?

① 유욕 급유법 ② 적하 급유법
③ 가시부상 유적 급유법 ④ 수급유법

2. 다음 급유법 중 비순환 급유법에 속하는 것은?

① 유욕 급유법 ② 원심 급유법 ③ 적하 급유법 ④ 패드 급유법

3. 강제 순환 급유법에서 유압은 일반적으로 몇 kg/㎠ 범위로 사용되는가?

① 1~4 ② 5~10 ③ 10~5 ④ 15~20

4. 습동부의 마찰면이 기름 속에 잠겨서 윤활하는 급유법은?

① 원심 급유법 ② 롤러 급유법 ③ 나사 급유법 ④ 유욕 급유법

5. 순환 급유법에 속하여 일종의 모세관 현상에 의하여 기름을 마찰면에 보내게 되는데, 이 때 털실에 직접 마찰면에 접촉하게 하는 급유법은?

① 패드 급유법 ② 칼라 급유법 ③ 버킷 급유법 ④ 비말 급유법

6. 윤활제의 급유법 중 순환 급유법에 속하는 것은?

① 비말 급유법 ② 적하 급유법 ③ 사이펀 급유법 ④ 손 급유법

7. 사이펀 급유법은 어느 급유법에 속하는가?

① 적하 급유법 ② 패드 급유법 ③ 손 급유법 ④ 순환 급유법

정 답 | 1.① 2.③ 3.① 4.④ 5.① 6.① 7.①

8. 소형 고속 왕복 기관에 많이 사용되는 급유법은?

① 버킷 급유법　　　　② 비말 급유법　　　　③ 롤러 급유법　　　　④ 유욕 급유법

9. 설비에 윤활유를 공급 후 회수할 수 없는 윤활제의 공급 방법은?

① 원심 급유법　　　　　　　　② 가시부상 유적 급유법
③ 유륜식 급유법　　　　　　　　④ 강제 순환 급유법

10. 다음의 유활유 급유법 중 비순환 급유법에 해당되는 않은 것은?

① 적하 급유법　　　　　　　　② 사이펀 급유법
③ 가시부상 유적 급유법　　　　④ 비말 급유법

11. 순환 급유법으로만 짝지어진 것은?

① 패드 급유법 – 사이펀 급유법　　　② 체인 급유법 – 비말 급유법
③ 원심 급유법 – 손 급유법　　　　　④ 바늘 급유법 – 나사 급유법

12. 순환 급유법에 대한 설명 중 맞는 것은?

① 손 급유법 : 손으로 기름 치기를 사용하며 급유하는 가장 간단한 방법
② 버킷 급유법 : 냉각 효과가 기대되며 수개의 다른 마찰면에 동시에 자동적으로 급유할
　수 있는 특징
③ 롤러 급유법 : 저속 고하중의 베어링에 있어서 축의 끝이 베어링 일단에서 끝나는 부분
　에 사용
④ 유욕 급유법 : 마찰면이 기름 속에 잠겨서 윤활하는 방법

13. 강제 순환 급유법의 기어 펌프의 송출량 Q의 계산식은 무엇인가?(Q : 송출량(L/min),
W : 이의 높이(cm), b : 이의 수(cm), N : 회전수(rpm) d : 피치원 지름)

① $\dfrac{\pi b d W N}{1000}$　　　② $\dfrac{\pi b d W}{1000N}$　　　③ $\dfrac{1000N}{\pi b d W}$　　　④ $\dfrac{\pi d W N}{1000b}$

14. 급유 간격이 길고 누설이 적으며 밀봉성과 먼지 침입이 적은 장점을 가진 급유법은?

① 사이펀 급유법　　② 패드 급유법　　③ 손 급유법　　④ 그리스 패킹

15. 윤활유를 미립자 또는 분무 상태로 급유하는 급유법은?

① 적하 급유법　　② 비말 급유법　　③ 원심 급유법　　④ 버킷 급유법

16. 다음의 유활유 급유법 중 순환 급유법에 해당되는 것은?

① 적하 급유법　　　　　　　　② 패드 급유법
③ 가시부상 유적 급유법　　　　④ 사이펀 급유법

정 답 ｜　8. ④　9. ②　10. ④　11. ②　12. ④　13. ①　14. ④　15. ②　16. ②

17. 누설이 적으며 급유 간격이 길며, 밀봉성이 있어 먼지 침입이 적은 급유 방법은?

    ① 수 급유법   ② 패드 급유법   ③ 사이펀 급유법   ④ 그리스 패킹

18. 다음 급유법 중 가장 이상적인 급유법은 어느 것인가?

    ① 적하 급유법   ② 유욕 급유법   ③ 강제 순환 급유법   ④ 손 급유법

19. 윤활유의 급유법 중 측면의 나선상의 홈을 통한 급유법은?

    ① 원심 급유법   ② 롤러 급유법   ③ 나사 급유법   ④ 적하 급유법

20. 다음 중 윤활제의 순환 급유법은?

    ① 적하 급유법   ② 비말 급유법   ③ 손 급유법   ④ 사이펀 급유법

21. 다음 급유법 중 미세한 실이 마찰면에 직접 접촉하여 모세관의 원리에 의하여 급유하는 윤활유 급유법은?

    ① 패드   ② 비말   ③ 유륜식   ④ 체인

22. 윤활 설비에 윤활유를 공급하면 회수할 수 없는 비순환식 급유법은?

    ① 원심   ② 유륜식   ③ 강제 순환   ④ 가시 부상

23. 윤활유의 소비량이 많은 마찰면이 넓은 윤활 개소나 기관차 등에서 일반적으로 사용되는 급유법은?

    ① 적하   ② 체인   ③ 패드   ④ 가시 부상

24. 슬라이딩 메탈 상부에 그리스를 충전한 후 뚜껑을 닫아 주는 급유 방식은?

    ① 그리스 충진   ② 사이펀 급유법   ③ 패드 급유법   ④ 비말 급유법

정답 | 17. ④ 18. ③ 19. ③ 20. ② 21. ① 22. ④ 23. ① 24. ①

제4장
윤활 기술

1. 윤활 기술과 설비의 신뢰성

1-1 유분석과 윤활 기술

설비 진단 기술에서 유분석을 통한 윤활 진단 기술은 산업의 발달과 함께 중요성이 매우 높아지고 있다. 대량 생산 체계를 통한 생산 원가 절감 방식이 일반화되면서 기계 장치와 설비의 대형화가 이루어지므로 기계 설비의 유지 관리 및 보수 측면에서 윤활 관리의 중요성이 크게 높아지고 있다. 윤활 관리 기술은 기계의 운동면과 윤활 장치에 효율적인 윤활제를 선정하여 사용함으로써 설비의 생산성 향상과 휴지 손실의 방지 등 경제적인 이득을 얻을 수 있다.

설비에서 발생되는 대부분의 고장은 정지 기계보다는 회전 기계 설비에서 주로 발생되며, 모터, 베어링, 기어 및 윤활 장치 등 많은 윤활 개소로 설비가 구성되어 있다. 전체 고장 중 윤활과 관련한 고장이 전체 설비 고장의 50 % 이상을 차지하므로 윤활과 관련한 고장을 단순히 윤활제, 급유 장치, 필터 등의 입장에서만으로는 고장의 근원적으로 해결책이 되지 못한다. 따라서 올바른 윤활 관리를 위해서는 유분석을 통한 윤활유의 특성, 시료 채취 기술, 각종 오염도의 분석 등을 실시하여 윤활유 및 유압유의 관리 및 분석 기술의 향상이 필요하다.

(1) 유분석을 통한 정보
유분석을 통하여 다음과 같은 정보를 얻을 수 있다.
① 고장의 근본 원인 파악
② 초기 마모의 진행 상태 파악
③ 기계의 열화로 인한 수리 또는 교체 시기 파악
④ 고장의 원인 분석을 통한 방지 대책 수립

(2) 유분석의 범위
① 마모 입자 분석　　② 물리 · 화학적 성분 분석　　③ 오염도 분석

(3) 유분석을 위한 시료 채취 방법

① 가능한 가동 중인 설비에서 채취

② 정지한 설비에서는 3분 이내 채취

③ 플러싱한 채취 밸브와 채취 기구

④ 깨끗한 용기로 채취

⑤ 채취 시간의 기입

⑥ 알맞은 주기

⑦ 채취된 정확한 시간의 기입

⑧ 채취 후 신속히 분석

1-2 적정 윤활제의 선정

윤활제를 올바르게 선정하기 위해서는 [그림 4-1]과 같이 윤활 요소인 마찰면의 조건, 급유 방법 및 윤활제의 종류와 특성을 고려하여 윤활제를 선정한다. 일반적인 윤활제의 선택은 윤활제의 점도, 열 및 산화 안정성, 부식성, 적합성 등을 고려하며 윤활이 불량하게 되면 큰 생산 손실과 기계의 성능에 크게 좌우되므로 올바른 윤활제의 선정이 매우 중요하다.

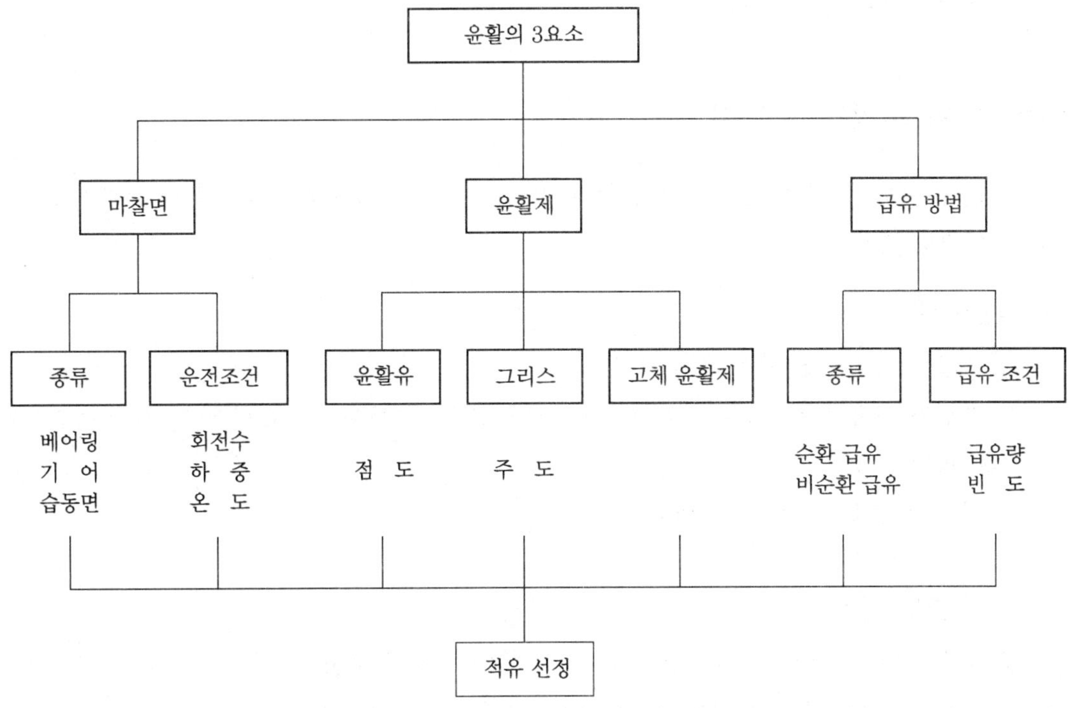

[그림 4-1] 윤활 요소를 고려한 적유 선정

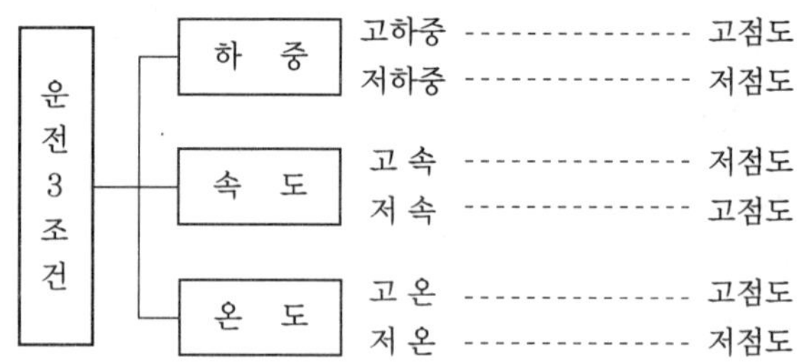

[그림 4-2] 운전 조건을 고려한 적정 점도 선정

1-3 윤활 사고의 원인

윤활 설비의 신뢰성을 확보하기 위해서는 적정 윤활제의 선정이 매우 중요하다. 다음과 같이 부적합한 윤활제의 사용과 관리는 윤활 사고의 주요 원인이 되므로 주의하여야 한다.

① 부적절한 유종의 선정
② 유종의 혼용 사용
③ 이물질 혼입
④ 급유량 불량
⑤ 누유
⑥ 부적절한 윤활제의 취급

1-4 윤활 관리의 효율화

윤활 관리의 효율화를 위해서 현재 윤활 관리 수준을 명확하게 파악하고 현행 문제점을 도출하여 면밀히 분석한다.

(1) 준비 사항

① 윤활 관리 도입을 위한 교육 실시
② 유종별 사용 실적, 급유 점검 기준서, 급유 도구 및 사용유에 대한 오일 분석 등의 자료 파악
③ 사용 유종 및 윤활유 사용량 파악

(2) 가기준의 작성

현행 윤활 관리의 상태가 요구되는 적유, 적법, 적량, 적시 방법으로 잘 시행되고 있는지의 여부를 파악하기 위하여 전 설비에 대하여 윤활 관리표를 작성한다.

(3) 계획 수립

윤활 관리 조사표 양식에 의거하여 급유, 갱유 관리 일정표의 이용 계획을 수립한다.

(4) 윤활 관리 실행

(가) 급유, 갱유 및 청소 실시

① 과급유 : 유온 상승, 거품 발생으로 인한 열화의 가속화, 점도 저하로 인한 윤활 불량 발생

② 저급유 : 마찰면에 유막 형성 불량으로 마모 및 소부 현상이 발생하여 생산성 저하

그리스는 외부 환경의 영향을 많이 받으므로 사용 실적을 통하여 교환 주기를 결정하고 윤활유는 유분석을 통하여 열화 상태를 파악한 후 결정한다.

[표 4-1] 급유 방법에 따른 유분석 시험 빈도

급유 방법	유분석 시험 빈도	
	보통 상태의 운전	가혹 상태의 운전
비말, 유욕 급유	6개월	3개월
순환 급유, 유압 기기	9개월	3개월
칼라, 링, 체인 급유	12개월	6개월

주) (1) 윤활제의 월간 사용량이 전 용량의 3% 이상일 때 2배 연장 가능
　　(2) 가혹 상태란 수분, 가루, 먼지 등의 침입이 현저하든가 운전 온도가 60℃ 이상일 때

청소는 다음 사항을 중점적으로 실시한다.

① 급유구 주위의 오염 상태

② 라벨 및 레벨 게이지의 오염 상태

③ 윤활유 주위의 오염 상태

④ 배관 이음부의 누설

⑤ 회수관의 막힘 및 탱크 주위의 오염 상태

(나) 누유 상태 확인 및 불합리한 급유 개소의 개선

(다) 급유 기구의 정비

(라) 급유 방법의 개선

(마) 윤활유 저장소의 관리

(5) 실적의 기록 및 평가

(가) 윤활 관련 데이터를 분석하여 체계적으로 이력 및 절차 관리

(나) 윤활의 구매에서 폐기까지 소요 비용 관리

(6) 개선안 실시

(가) 유종의 통일 및 단순화

(나) 윤활의 자동화

(7) 표준화 및 효율화

(가) 윤활 관리 기준 정립

(나) 급유 기준서 및 급유 이력 비치

(다) 윤활 관리 효율화 추진 상항 진단

2. 윤활계의 운전과 보전

윤활 계통은 상대 운동으로 발생하는 마찰 부분에 적정한 윤활제를 공급하기 위한 손 급유 장치, 집중 급유 장치, 윤활 유관 및 세정 장치 등을 의미한다. 윤활제가 순환 급유할 경우 윤활 펌프, 윤활유 냉각기, 여과기, 윤활 유관 및 세정 장치 등이 필요하게 된다.

2-1 윤활 계통

(1) 윤활유 펌프

윤활유 펌프는 압력이 $2\sim4\,kg_f/cm^2$ 정도의 기어 펌프가 널리 사용된다. 윤활유 펌프의 고장을 대비하여 2쌍 이상의 펌프를 설비하며, 여과기를 설치하여 기름 속의 불순물을 제거하고 펌프의 손상을 방지한다.

(2) 드레인 탱크

드레인 탱크의 크기는 순환되는 유량에 관계하고 엔진의 형식과 발생 동력에 의하여 결정된다.

(3) 윤활유 냉각기

윤활 부분으로 보내지는 기름에 적당한 점도를 유지시키기 위하여 순환 계통 중 윤활유 냉각기를 통과하여 윤활유의 온도를 조절한다.

(4) 윤활 계통의 보수

윤활 급유 장치 중 기름과 접촉하지 않은 부분은 수분이 응축하기 쉬우므로 녹이 자주 발생된다. 이와 같이 발생된 녹은 표면을 거칠게 만들고 분말은 기름 속에 혼입되어 윤활 마모의 원인이 된다. 따라서 윤활 장치의 운전 중에는 마찰 부분의 온도, 진동 및 소음에 주의하고 윤활유의 출입구 온도 및 오염 상태에 주의하여야 한다.

2-2 플러싱

새로운 기계의 순환 계통에 윤활유를 넣는 경우나 열화된 오일을 신유로 교환하는 경우에는 세정제를 사용하여 이물질을 깨끗이 세척하는 것을 플러싱(flushing)이라 한다. 플러싱은 시기와 목적에 따라 다르므로 적합한 세척제와 세척유를 적용한다.

(1) 플러싱의 종류

① 산세정 (황산 → 물 → 가성소다 → 물 → 오일)

처음 설치된 배관 내의 금속, 모래, 먼지, 녹 등을 제거

② 분해 세정

방청제 및 슬러지를 제거하는 용제 처리 과정

③ 윤활유에 의한 세정

이물질이나 고형 물질 등을 제거

④ 화학 세정

화학 물질에 의한 세정 작업

(2) 플러싱유의 선택

① 저점도유로서 인화점이 높을 것
② 사용유와 동질의 오일 사용
③ 고온의 청정 분산성을 가질 것
④ 방청성이 매우 우수할 것

(3) 플러싱 실시 시기

① 기계 장치의 신설 시
② 윤활유 교환 시
③ 윤활 장치의 분해 시
④ 윤활계의 검사 시
⑤ 운전 개시 시

(4) 플러싱 작업의 전 처리

플러싱 작업 전에는 윤활 계통의 청소 상태를 검사하고, 이상이 있는 경우 녹이나 스케일 등의 이물질을 제거해야 한다.

[표 4-2] 플러싱 작업의 전 처리 방법

구 분	전 처리 및 확인 사항
배관 계통	새로 설치된 파이프는 산 세정을 통하여 배관 내부 벽을 세정하고 용접 개소도 스케일을 제거한 후 조립한다.
펌프, 필터류	방청 도료가 도포되어 있는 기계 등은 개방 검사가 요구된다. 일반적으로 필터의 막힘은 방청 도료에 의한 것이 많다.
밸브류	주물로 된 밸브류는 모래 성분이 많이 있으므로 와이어 브러시로 닦고, 압축 공기로 청소가 요구된다.
기어	기어는 P-1 계통의 방청제로 방청 처리를 한다.
오일 탱크	내부에 녹이 있는 경우 와이어 브러시로 제거한다.

3. 윤활제의 열화 관리와 오염 관리

3-1 윤활유의 열화와 관리 기준

(1) 윤활유의 열화 원인

양질의 윤활유라 할지라도 사용 중에 변질하여 그 성질이 저하되는데, 이것을 윤활유의 열화라 한다. 윤활유는 사용하기 시작하면 주로 두 가지 형태의 변화를 받는다. 그 하나는 윤활유 자신이 일으키는 변화, 즉 화학 변화이고, 또 하나는 외부적 요인에 의하여 생기는 변화로서 윤활유의 오손이다.

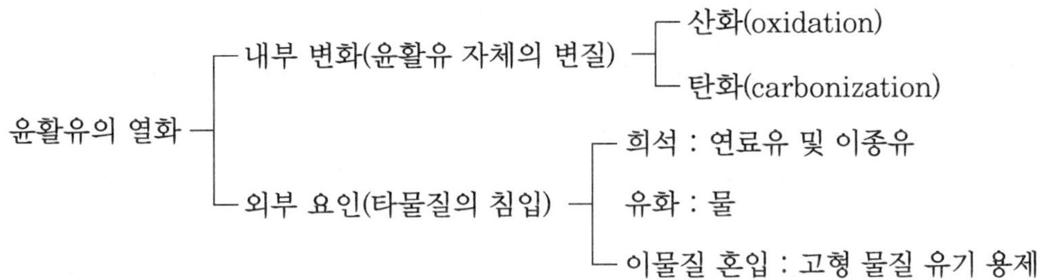

(2) 윤활유 열화에 미치는 인자

(가) 윤활유의 산화

윤활유는 사용 중 공기 중의 산소를 흡수하여 화학적 반응을 일으켜 산화(oxidation)한다. 이때 산화를 촉진시키는 조건은 온도, 사용 시간, 촉매 등이 유분자의 산화를 일으키는 원인이 된다. 윤활유가 산화를 받으면 물리적으로 우선 색의 변화를 가져옴과 동시에 점도의 증가 산의 증가 그리고 표면 장력의 저하 등을 초래한다. 또한 윤활유가 산화를 받으면 알데히드, 케톤, 알코올, 카르복실산, 옥시산, 에스텔 등 각종 중축합물(中縮合物)을 생성한다. 이들 물질은 대체로 열에 대한 안정성이 없고 금속을 부식시키는 물질의 근원이 된다.

(나) 탄화

탄화(carbonization)는 윤활유가 특히 고온에 놓이게 되는 부분, 즉 디젤 기관의 실린더 윤활 등에 이용되는 윤활유에 발생한다. 윤활유가 탄화되는 현상은 윤활유가 가열 분해되어 기화된 기름 가스가 산소와 결합할 때에 열전도 속도보다 산소와의 반응 속도 쪽이 늦으면 열 때문에 기름이 건류되어 탄화됨으로써 다량의 잔류 탄소를 발생하게 된다. 또 지극히 고점도유인 경우는 기화 속도가 열을 받은 속도보다 늦으며 탄화 작용은 한층 빨라진다. 따라서 디젤 기관 또는 공기 압축기의 실린더 내부 윤활에는 특히 탄화 경향이 적은 윤활유를 선정할 필요가 있다. 기화 속도가 큰 쪽, 즉 점도가 낮은 쪽은 탄화 경향이 적다.

(다) 희석

희석(dilution)은 윤활유 중에 연료 및 비교적 다량의 수분이 혼입하였을 경우에 일어나는 현상이며 특히 다음과 같은 경우에 생기기 쉽다.

① 사용 연료의 품질이 불량하여 분사 상태가 나쁘고 따라서 연소 불량이 되어 그 일부가 윤활유 중에 혼입하였을 경우

② 윤활유 가열 온도가 적절하지 않거나 분사 압력이 너무 낮고 분사 장치의 불량 등에 의하여 분사 상태의 불량에서 오는 연료유의 혼입

③ 엔진의 정비 불량에 의한 연료유 또는 수분이 윤활유 중에 혼입할 경우

(라) 유화

유화(emulsification)는 윤활유가 수분과 혼합해서 유화액을 만드는 현상은 유중에 존재하는 미세한 이물질 입자의 극성(일종의 응집력)에 의해서 물과 기름의 표면 장력이 저하해서 W/O형 에멀션(emulsion)이 생성되어 점차 강인한 보호막이 형성되는 결과 일어나는 것으로, 이와 같이 단단한 교질의 유화 입자는 보통 1개의 크기가 $10^{-5} \sim 10^{-6}$㎜ 정도이며 큰 것도 있어 이것이 집합해서 유화액이 형성되는 것으로 생각된다.

윤활유가 유화되는 원인으로서는 ① 기름의 산화가 상당히 일어났을 때 ② 윤활유가 열화하여 이물질분이 증가되어 고점도유에 이르렀을 때 ③ 운전 조건이 가혹해서 탄화수소분의 변질을 가져왔을 때 ④ 수분과의 접촉이 많을 경우 등이다.

(3) 첨가제

윤활유에 첨가하여 이미 갖고 있는 윤활유의 성질을 강화하고 다시 새로운 성질을 주어 그 기능을 향상시키며 사용 중에 일어나는 열화 속도를 감소시키는 것이다. 첨가제의 성분은 일부 폴리머(V, I, Improver)를 제외하면 대부분 극성 화합물로 이루어져 있다.

(가) 첨가제의 일반적 성질

 ① 기유에 용해도가 좋아야 한다.
 ② 첨가제는 수용성 물질에 녹지 않아야 한다.
 ③ 색상이 깨끗해야 한다.
 ④ 증발이 적어야 한다.
 ⑤ 저장 중에 안정성이 좋아야 한다.
 ⑥ 다른 첨가제와 잘 조화되어야 한다.
 ⑦ 유연성이 있어 다목적으로 쓰여야 한다.
 ⑧ 냄새 및 활동이 제어되어야 한다(적용 온도에서 그 성능을 발휘해야 한다).

(나) 첨가제의 종류

(1) 표면 보호제

 ① 청정제, 분산제(detergent, dispersant)
 ② 부식 방지제(corrosion inhibitor)
 ③ 방청제(rust inhibitor)
 ④ 극압성 첨가제(EP. agent)
 ⑤ 내마모성 첨가제(antiwear agent)

(2) 윤활유 보호제

① 산화 방지제(antioxidant)

② 기포 방지제(antifoam agent)

(3) 윤활 성능 보강제

① 점도 지수 향상제(viscosity-index improver)

② 유동성 강하제(pour-point depressant)

(4) 윤활유의 열화 판정법

(가) 직접 판정법

① 신유(新油)의 성상(性狀)을 사전에 명확히 파악해 둔다.

② 사용유의 대표적 시료를 채취하여 성상을 조사한다.

③ 신유와 사용유의 성상을 비교 검토한 후에 관리 기준을 정하고 교환하도록 한다.

[표 4-3] 조사 항목

항 목		시 험 목 적
인화점 [℃]		연료유의 혼입 유무
동점도 cSt(@40℃)		점도의 변화 유무 – 적정 점도 확인 – 윤활유 열화 – 오염물의 혼입
수 분 [%]		수분의 혼입
전산가 [$mg\ KOH/g$]		① 윤활유 변질도 ② 부식성 물질의 유무 ③ 연소 생성물의 오염도
알칼리성 [$mg\ HC\ell/g$]		윤활유의 열화
분해 용분	펜 탄 [%]	윤활유의 열화
	벤 젠 [%]	고형 물질의 오염도
기 타		윤활유의 종류 및 사용 조건에 따라 필요한 항목

(나) 간이 판정법

운전 현장에서 한정된 기구, 시간 그리고 노력으로서 이용유의 열화 성장을 시험하려면 대략 다음과 같은 방법으로 간접적으로 판정할 수 있다.

① 냄새를 맡아 보고 강한 냄새가 있으면 연료 기름의 혼입이나 불순물의 함유량이 많다고 판단한다.

② 시험관 중에 적당량의 기름을 넣고 그의 선단부를 110℃ 정도로 가열해서 함유 수분

　의 존재를 물이 튀는 소리로 듣는다.

③ 손으로 기름을 찍어 보고 경험으로 점도의 대소, 협잡물의 다소를 판단한다.

④ 투명한 2장의 유리판에 기름을 넣고 투시해서 수분의 존재 또는 이물질의 발생 유무를 조사한다.

⑤ 시험관에 기름과 물을 같은 양으로 넣고 심하게 교반 후 방치해서 기름과 물이 완전히 분리할 때까지의 시간을 측정하여 항유화성(抗乳化性)을 조사한다. 이 경우는 신유의 항유화성을 비교하면 더욱 명확해진다.

⑥ 기름을 소량의 증류수로 씻어낸 수분을 취하여 리트머스 시험지를 적셔 적색으로 변하면 산성이다.

⑦ 시험관에 기름과 농유산을 같은 량으로 넣고 잘 교반한 다음 잠시 후에 흑색의 침전물이 되는 양 및 관벽 온도의 상승 정도로써 불순물의 혼입비율 및 열화의 정도를 알 수 있다.

⑧ 적당한 용기에 소량의 시료를 취하여 이것을 60~70℃로 가열하고 지름이 2~3mm의 금속 또는 유리막대를 이용하여 그 유적을 로지상에 적하하고 15분 후 침투된 유폭을 측정하여 유폭이 2mm 이하로 되면 이용한도가 넘은 것으로 판정한다(스포트 시험).

⑨ 현장에서 간이식 점도계, 중화(中和)가 시험기, 비중계, 비색계가 있으면 적극 활용하거나 간이 시험기(cassette tester)를 이용한다.

3-2 윤활유의 열화 방지와 사용 한계

(1) 윤활유의 열화 방지법

　사용 윤활유의 열화를 방지하고 장기간 경제적으로 양호한 윤활 상태를 유지하여 수명을 연장시키려면 윤활유의 산화를 촉진시키는 원인을 제거함과 동시에 항상 순환 계통을 깨끗이 하여 윤활유 중에 불순물이나 산화 생성물의 신속한 제거는 물론 적절한 시기에 신유를 교환 또는 보급 재관해야 한다. 따라서 윤활유의 열화 방지책으로 다음 사항이 고려된다.

① 윤활유가 고온부에 접촉하는 시간을 짧게 하고 유온을 일정하게 유지시키려면 유압을 올려서 순환 급유를 많게 하고 또 적절한 냉각기의 부착에 의해 유온 상승을 방지한다.

② 기름의 혼합 사용을 극력 피한다(첨가제 반응 적압 점도 유지).

③ 신기계 도입 시는 충분히 세척(flushing)을 행한 후 사용한다.

④ 교환 시는 열화유를 완전히 제거한다. 열화유 중에는 극성 물질, 즉 이물질분이 다량 함유되어, 이것이 산화 촉매 작용을 하기 때문이다.

⑤ 협잡물(挾雜物 : 수분, 먼지 금속 마모분 연료유) 혼입 시는 신속히 제거한다, 이것은 물에 의한 유화, 연료유의 혼입에 의한 희석, 금속, 먼지 등의 촉매 및 마모를 방지

한다.

⑥ 년 1회 정도는 세척을 실시하여 순환 계통을 청정하게 유지한다.

⑦ 사용유는 가능한 원심 분리기 백토 처리 등의 재생법을 사용하여 재사용한다.

⑧ 경우에 따라서 적당한 첨가제를 사용한다.

⑨ 급유를 원활히 한다.

(2) 윤활유의 사용 한계

윤활유를 장기간에 걸쳐 사용하게 되면 윤활유는 내적 또는 외적의 요인에 의해서 열화되므로 윤활유로서의 기능을 상실하고 만다. 이때는 신유로 교환하여야 되나 일반적으로 성상의 변화에 관계없이 일정 기간이 지나면 자동적으로 교환하는 방법과 또 관리 기준을 정해 놓고 수시로 관리 항목을 체크해서 교환하는 방법 등이 있다.

관리 항목 체크에 의한 교환 기준은 기계의 조건, 사용 환경, 윤활유 종류 등에 따라 크게 다를 수도 있으나 일반적으로 사용한계는 [표 4-4]~[표 4-7]과 같다.

[표 4-4] 육상 내연 기관용 윤활유의 사용 한계

종 류 \ 항 목	디젤 기관		가솔린 기관
	기관용	발전기용	
반 응	중 성	중 성	중 성
인화점(℃)	170 이상	150 이상	신유보다 42℃ 이하
40℃동점도(cSt)	신유시의 ±20% 이내	신유의 ±25% 이내	신유의 ±20% 이내
수분(Vol%)	0.2 이하	0.2 이하	0.2 이하
전산가(mg KOH/g)	신유시 2.0 이하	3.0 이하	2.0 이하
전알칼리가(mg KOH/g)	2.0 이상	2.0 이상	1.0 이상
잔류 탄소분	2.5 이하	2.5 이하	–
화분증가(wt%)	0.3~0.5 이하	0.3~0.5 이하	0.3~0.5 이하
침전가(mℓ)	0.3 이하	0.3 이하	–
n-펜탄 불용분(wt %)	2.0 이하	2.0 이하	1.0 이하
n-펜젠 불용분(wt %)	1.0 이하	1.0 이하	–
펜탄불용분과 벤젠불용분의 차	1.0 이하	1.0 이하	–
연료 희석도(Vol%)	10~12 이하	10~12 이하	10~12 이하

[표 4-5] 공업용 윤활유의 사용한계(1)

항 목 \ 유 종	공업용 기어유	터 빈 유	압축기유	냉동기유	베어링유
인화점 ℃	160℃이상	-	-	-	-
동점도 cSt 40℃ (신유 대비)	정 밀 ±10% 비정밀 ±20%	±10~15%	±10%	±15%	±10%
수 분 Vol%	0.2 이하	0.1 이하	0.1 이하	0.1 이하	0.2 이하
전 산 가 mgKOH/g	신유 시보다 0.5 이하	무첨가 : 1.0 이하 첨 가 : 0.3 이하	1.0 이하	0.2 이하	0.5 이하
n-펜탄 불용분 wt%	1.0 이하	1.0 이하	-	0.2 이하	0.2 이하
벤젠 불용분 wt%	0.5 이하	0.5 이하	-	-	-
증기 유화도 sec	300 이하	300 이하	-	-	-

[표 4-6] 공업용 윤활유의 사용한계(2)

항 목 \ 유 종	열처리유(1종)	열처리유(2종)	랍동면유	전기 절연유
인화점 ℃, coc	170 이상	220 이상	-	-
동점도 cSt (신유 대비)	50℃+8.0 이하	100℃+10.0 이하	40℃ 정 밀 ±10% 비정밀 ±20%	-
수 분 Vol%	0.1 이하	0.05 이하	-	-
잔류 탄소분 wt%	0.7 이하	1.5 이하	-	-
n-펜탄 불용분 wt%	0.3 이하	0.3 이하	0.5 이하	-
800℃ → 300℃까지의 냉각 초소	유온 80℃ 9초 이하	유온 150℃ 15초 이하	-	-
전산가 mgKOH/g	3 이하	-3 이하	신유 시보다 0.5 이하	0.4 이하
침전가 ㎖	-	-	-	1.0 이하
계면장력 dyne/㎠	-	-	-	20 이하

[표 4-7] 공업용 윤활유의 사용한계(3)

유종 / 항목	일반 작동유-내마모성 작동유		인산에스테르 작동유	수치 제어(NC) 작동유
	일반 기계	정밀 기계		
동점도 cSt 40℃ (신유대비)	±15% 이내	±10% 이내	±20% 이내	±15% 이내
수 분 Vol %	0.1 이하	0.1 이하	0.5 이하	0.1 이하
전산가 mgKOH/g (신유대비증가)	0.5 이하	0.5 이하	1.0 이하	0.5 이하
색 (유니온)	+4 이하	+2 이하	8 이하	–
광유분 %	–	–	5 이하	–
오염도 (중량법) mg/100ml	20 이하	10 이하	15 이하	–
n-펜탄 불용분 wt %	0.05 이하	0.05 이하	0.05 이하	0.05 이하

4. 윤활제에 의한 설비 진단 기술

4-1 마모 성분 분석법

윤활유의 마모 성분 분석에 의한 진단법에는 페로그래피(Fero graphy)법과 SOAP (Spectrometric Oil Analysis Program)법이 널리 사용된다.

(1) 페로그래피법

페로그래피란 기계에 이용되고 있는 윤활유의 마모분을 분석하는 방법이다. 기계의 상태를 진단하기 위하여 윤활유를 채취하여 그 속에 있는 마멸분의 크기나 형상을 관찰하여 기계의 열화 상태를 파악하는 방법을 의미한다. 페로그래피라는 것은 원래 미국의 Foxboro사가 개발한 윤활유 마멸분의 분석 장치에 붙여진 상품명이었으나 현재 일반적인 마모 성분 진단법으로 통용된다.

[그림 4-3]은 페로그래피의 측정 원리를 나타낸 것이다. 채취한 오일 샘플링을 용제로 희석하고 약간 경사시켜 고정한 슬라이드에 흘린다. 슬라이드 아래에 설치된 강력한 자석에 의해 마모분 입자는 자력선의 방향으로, 또 상류에서 하류로 크기 순서에 따라 배열된다.

이렇게 하여 제작된 페로그램을 현미경으로 마모 입자의 크기, 형상, 또는 간편히 열처리한 재질 등을 관찰하여 이상 부위, 원인에 대한 규명을 한다.

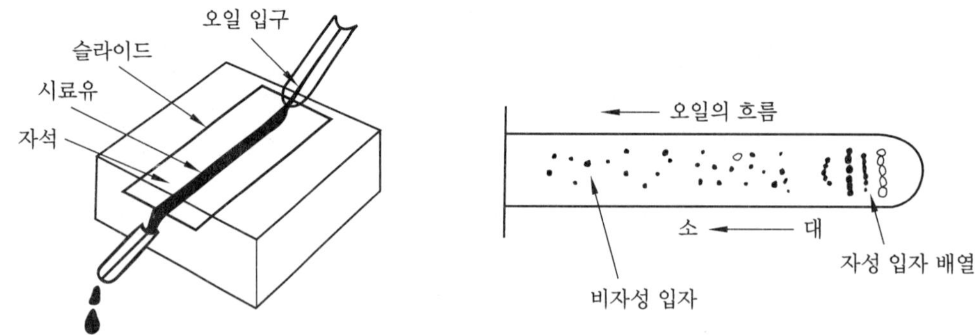

[그림 4-3] 페로그래피의 원리

1. 정상 마모 입자		4. 평판 형상 마모 입자	
	* 박판 형상 * 표면 평활 * 0.5~5μm		* 표면 거침 * 베어링 피로 * 20μm 이상
2. 절삭형 마모 입자		**5. 큰 마모 입자**	
	* 칩 형상 * 모래 혼입 * 25~100μm		* 직선 형상 조각 * 20μm
3. 구상 마모 입자		**6. 기타 마모 입자**	
	* 볼 형상 * 베어링 피로 * 1~5μm		* 모래 입자 * 폴리머 입자

[그림 4-4] 윤활유 중 마모 입자 형상

(2) SOAP법

이 방법은 채취한 시료유를 연소하여 그때 생긴 금속 성분 특유의 발광 또는 흡광 현상을 분석하는 것으로, 특정 파장과 그 강도에서 오일 중 마모 성분과 농도를 알 수 있다. 오일 분석법은 금속의 마모 상황을 직접 측정하므로 이상 검출이 확실하다는 특징이 있지만, 반면에 샘플의 채취 방법에 주의를 요한다. 또한 분석에 숙련이 필요하는 등 진동법에 비하면 간단한 것은 아니다.

[표 4-8] SOAP 분석 장치의 특징

	원 자 흡 광 법	회 전 전 극 법	ICP법
원 리	금속 성분의 흡수 스펙트럼을 측정	금속 성분의 발광 스펙트럼을 측정	
연소 방식	아세틸렌 불꽃 (약 2,000℃)	고압 방전 (약 15,000V)	플라즈마 (7,000~9,000℃)
시료 전 처리	금속 성분과 산 등에 의한 용해	직접 측정	희석하여 사용
측정 입자경	특히 제한 없음	비교적 큰 입자까지 가능	작은 입자(~10μm)
분석 시간	1원소마다 측정하므로 시간이 걸린다.	원자 흡광에 비교하여 신속	

4-2 오염도 측정법

(1) 현장에서의 간단한 시험

(가) 외관 시험

시험관에 신유와 사용유를 각각 담아 색채, 투명도, 냄새 등으로 판단한다.

(나) 고형물의 조사

탱크 내 기름의 운동을 정지시키고 침전물을 긁어 모아 확대경 등으로 이물질의 종류와 상태를 검사한다.

(다) 스폿 시험

사용 중 기름의 일부를 스폿 시험지에 떨어뜨려 변색의 정도, 검은 반점의 여부 등을 조사한다.

(라) 수분의 함유 상태 검사

탱크 아랫부분의 기름을 채취하여 가열 철판 위에 떨어뜨려 증발되는 소리로 판정한다.

[표 4-9] 외관 시험의 판정

외 관	냄 새	상 태	대 책
1. 투명하고 색채 변화가 없다.	양	양	계속 사용 가능
2. 암흑색이며 혼탁하다.	악 취	불 량	교 환
3. 색채 변화 없으나 혼탁하다.	양	수분 함유	물의 분리
4. 투명하고 색채가 없다.	양	다른 종류의 기름 혼입	계속 사용 가능

(2) 실험실에서 오염 정도 측정

(가) 중량법

시료유 100㎖ 중의 오염 물질의 중량 측정

(나) 계수법

시료유 100㎖ 중의 오염 물질의 크기 개수를 측정

(다) 오염 지수법

오일 중의 미립자 또는 젤라틴상의 물질에 따라 필터의 눈이 막혀 여과 시간의 변화 현상을 이용하여 시료의 오염도를 산출하는 방법으로 SAE에 측정법이 규정되어 있다.

(라) 수분 측정법

크실렌 등의 용제와 혼합한 시료를 가열, 증류하여 검수관에 분리된 수분을 측정해서 시료에 대한 용량 또는 중량으로 표시한다.

(마) 기포성 측정법

기포도(foaming tendency)란 규정 온도에서 5분간 공기를 불어넣은 직후의 거품량(㎖)을 말하며, 기포 안정도(foaming stability)란 기포도 측정 후 10분간 방치한 후의 거품량(㎖)을 말한다.

(3) 시험용 시료의 채취

(가) 운동 상태에 있는 작동유의 채취

① 시기

펌프 실린더 등 정상적으로 가동되어 작동유의 온도가 평소 가동 때와 동일한 온도일 때

② 장소

오일 탱크의 유면 윗부분 또는 중간 부분

(나) 침전 상태에 있는 작동유의 채취

① 시기

기기의 작동을 정지시킨 후 24시간이 경과한 후

② 장소

오일 탱크의 아랫부분

(다) 채취 후의 처리

유리제 시험관에 담고 완전 밀폐시킨 후 명세서를 붙인다.

〈명세서의 예〉

① 기계의 형식 번호

② 채취 연월일 및 시간

③ 작동유의 제조 회사 명칭 종류

④ 사용 시간

⑤ 장치 전체의 유량

⑥ 작동 압력

⑦ 작동 온도

⑧ 기계의 장애 요인 및 특기 사항

⑨ 채취 시기의 운동, 정지 상태

⑩ 채취 위치 등

5. 윤활 설비의 고장과 원인

5-1 윤활 장치의 점검

(1) 윤활제의 통합 정리

① 동일 점도의 기름은 가능한 한 종류로 한다.

② 점도 등급은 단계적으로 간결하게 한다.

③ 동일 용도, 동일 지공의 설비는 한 종류로 한다.

④ 소비량이 적은 기름은 가능한 다른 기름으로 대치한다.

⑤ 기름 메이커는 가능한 한 통일하여 거래한다.

(2) 윤활 장치의 점검

윤활 장치의 점검은 [표 4-10]과 같다.

[표 4-10] 윤활 시험 항목별 점검 내용

	감 소 시	증 가 시
색 상	• 신유의 보급	• 오염 · 잘못 급유 • 불용해분의 존재 • 산화의 진행
점 도	• 지점도유의 혼입	• 고점도유의 혼입 • 산화의 진행 • 불용해분의 존재
전 산 가	• 첨가제의 감소 • 다른 유종의 혼입	• 산화의 진행
수 분	• 시스템 속에 대한 침전 • 증발	• 오염 • 흐림(백탁)
작은 구멍	• 클리닝 효과 • 산유의 보급	• 먼지 침입 • 마모분의 증가

5-2 윤활 장치의 고장 원인

(1) 윤활유

① 부적정유의 사용
② 기름의 열화와 오염
③ 기름의 누설
④ 성질이 다른 기름의 혼합 사용

(2) 마찰면

① 마찰면의 재질 불량 및 사용 불량
② 과도한 작용 및 설계 불량
③ 마찰면의 마모에 의한 기계 부품의 늘어짐 및 조기 피로

(3) 작업상

① 급유 작업의 부주의
② 과잉 급유 및 부주의
③ 급유가 빠르거나 너무 느림
④ 플러싱(flushing)의 불충분
⑤ 작업상의 움직임과 충격

(4) 급유 방법

① 급유 방법의 설계 불량에 의한 부적당
② 급유 장치의 고장

(5) 환경

① 높은 전도열 및 마찰면의 불충분한 방열
② 불순물의 혼합 및 큰 온도 변화
③ 열수(熱水) 산의 증기, 염분 등의 환경

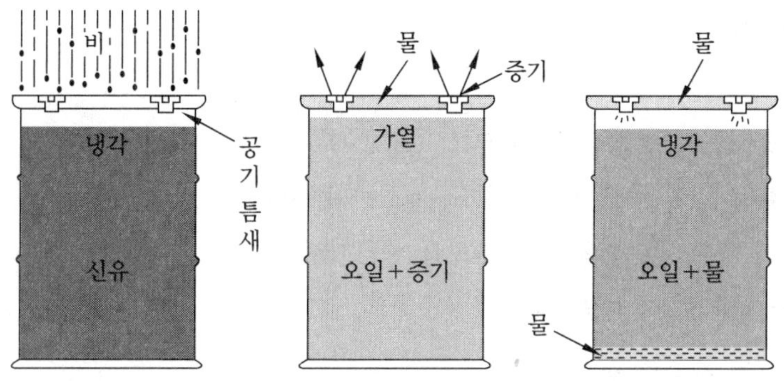

[그림 4-5] 윤활유 저장 시 물의 오염 과정

[표 4-11] 윤활유의 트러블과 대책

트러블 현상	원 인	대 책
1. 동점도 증가	– 고점도유의 혼입 – 산화로 인한 영화	– 다른 윤활유 순환 계통 점검 – 동점도 과도 시 윤활유 교환
2. 동점도 감소	– 저점도유 혼입 – 연료유 혼입에 의한 희석	– 다른 윤활유 순환 계통 점검 – 연료 계통 누유 상태 점검
3. 수분 증가	– 공기 중의 수분 응축 – 냉각수 혼입	– 수분 제거 – 수분 혼입원의 점검
4. 외관 혼탁	– 수분이나 고체의 혼입	– 점검 후 윤활유 교환
5. 소포성 불량	– 고체입자 혼입 – 부적합 윤활유 혼입	– 윤활유 교환
6. 전산가 증가	– 열화가 심한 경우 – 이물질 혼입	– 원화 원인 파악 – 이물질 파악 및 교환
7. 인화점 증가	– 고점도유 혼입	– 점검 후 윤활유 교환
8. 인화점 감소	– 저점도유 혼입 – 연료유 혼입	– 점검 후 윤활유 교환

핵 심 문 제

1. 유분석을 통하여 얻을 수 있는 정보는 무엇인가?
2. 윤활 트러블로 인한 윤활 사고의 주요 원인은 무엇인가?
3. 급유 방법에 따른 유분석의 시험 빈도를 설명하시오.
4. 플러싱 작업에 대하여 설명하시오.
5. 윤활유의 열화 원인을 설명하시오.
6. 마모 성분 분석법에 대하여 설명하시오.
7. 윤활 장치의 고장 원인에 대하여 설명하시오.
8. 윤활유의 트러블과 대책을 설명하시오.

연 습 문 제

1. 윤활유의 열화 현상을 구별하는 방법이 아닌 것은?

    ① 점도 증가　　　② 냉각성 감소　　　③ 비중 증가　　　④ 전산가 증가

2. 한국산업규격에 따른 방청유로 구분되지 않는 것은?

    ① 수분 함유형　　　　　　　　② 지문 제거형
    ③ 용제 희석용　　　　　　　　④ 방청 페트롤 레이텀

3. 다음 중 그리스 주성분이 아닌 것은?

    ① 증주제　　　　　② 기유　　　　　③ 첨가제　　　　　④ 코크스

4. 유압의 점도가 높을 때 발생되는 일반적인 현상은?

    ① 동력 소비가 커진다.　　　　② 윤활유의 온도가 낮아진다.
    ③ 유동 저항이 작아진다.　　　　④ 마찰열이 작아진다.

5. 방청제의 종류 중 방청 능력이 크고, 두터운 피막을 형성하며 1종 (NP-4), 2종 (NP-5),
    3종 (NP-6)로 분류되는 것은?

    ① 윤활 방청유　　　　　　　　② 용제 희석형 방청유
    ③ 와셀린 방청유　　　　　　　　④ 지문 제거형 방청유

정답 | 1. ③　2. ①　3. ④　4. ①　5. ③

6. 그리스 윤활이 유윤활에 비하여 장점인 것은?

① 냉각 작용이 크다.　　　　　② 누설이 작다.
③ 급유가 용이하다.　　　　　④ 순환 급유가 용이하다.

7. 윤활유의 산화로 인하여 발생되는 열화 현상이 아닌 것은?

① 색상의 변화　　　　　② 전산가의 증가
③ 표면장력의 저하　　　　　④ 열 안정성의 증가

8. 윤활유의 열화를 방지하기 위한 방법으로 적합한 것은?

① 열화 상태에 따라 적합한 첨가제를 투여한다.
② 윤활유 부족 시 다른 윤활유와 혼합하여 사용한다.
③ 성능 시험을 위해 고온에서 사용한다.
④ 윤활유 교환 시 내부를 세척한 후에 윤활유를 공급한다.

9. 루브리케이터(윤활기)의 적정한 윤활유는?

① 터빈 1종, 2종(ISO VG 32)　　　　　② 기계유 1종, 2종(ISO VG 32)
③ 그리스유 3종, 4종(ISO VG 32)　　　　　④ 스핀들유 3종, 4종(ISO VG 32)

10. 큐노형(cuno type) 여과기에서 불순물 입자를 여과할 수 있는 정도는?

① 0.001mm　　　　② 0.01mm　　　　③ 0.1mm　　　　④ 1mm

11. 그리스의 굳은 정도를 나타내는 것은?

① 동점도　　　　② 응고도　　　　③ 주도　　　　④ 경도

12. 윤활유의 열화 방지법과 관계가 없는 것은?

① 고온을 피함　　　　　② 나프탈렌계 윤활유 사용
③ 혼합 사용을 피함　　　　　④ 산화 방지제 첨가유 사용

13. 그리스에 사용되는 합성유제가 아닌 것은?

① PAD　　　　② 에스테르　　　　③ 돈유　　　　④ 폴리글리콜

14. 전기 절연유에 사용하는 것이 아닌 것은?

① 광유　　　　② 합성유　　　　③ 알킬벤젠유　　　　④ 돈유

정 답 ∣ 6. ② 7. ④ 8. ① 9. ② 10. ② 11. ③ 12. ② 13. ③ 14. ④

15. 공작 기계의 풀림 방지용 또는 진동이 있는 부위에 사용되는 접착제는?

    ① 유화액형 접착제   ② 감압형 접착제   ③ 열형 접착제   ④ 진동형 접착제

16. 그리스를 오랫동안 저장하거나 사용 중 기름이 분리되는 현상은?

    ① 산화 안정도   ② 이유도   ③ 혼화 안정도   ④ 주도

17. 그리스에 사용되는 합성유제가 아닌 것은?

    ① 에스테르   ② PAO   ③ 돈유   ④ 폴리글리콜

18. 그리스의 주성분이 아닌 것은?

    ① 첨가제   ② 기유   ③ 코크스   ④ 증주제

19. 두터운 피막 형성과 방청 능력이 우수하여 성질에 따라 1종(NP-4), 2종(NP-5), 3종(NP-6)으로 분류되는 방청유는?

    ① 와셀린   ② 지문 제거형   ③ 기화성   ④ 윤활

20. 슬라이딩 베어링에 그리스 윤활을 하고자 할 때 고려 사항이 아닌 것은?

    ① 충진 방법   ② 하중   ③ 재질   ④ 적정 주도

21. 유윤활에 비하여 그리스 윤활의 장점은?

    ① 냉각 작용   ② 다양성   ③ 긴 급유 간격   ④ 점도 지수 향상

22. 유체 윤활 상태에서 마찰에 영향을 가장 크게 주는 윤활유의 성질은?

    ① 전산가   ② 주도   ③ 점도   ④ 비중

23. 진동 발생이 빈번한 윤활 개소나 항공기, 산업 기계 등의 풀림 방지용으로 사용되는 접착제는?

    ① 혐기성   ② 열 용융형   ③ 감압형   ④ 유화액형

정 답 | 15. ① 16. ② 17. ③ 18. ③ 19. ①, ④ 20. ③ 21. ③ 22. ③ 23. ④

제 5 장

윤활제의 시험 방법

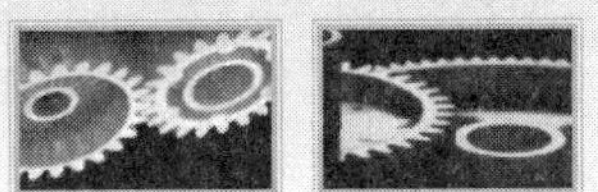

1. 윤활유의 시험 방법

1-1 비중(specific gravity, KS M 2002)

(1) 개요

비중 15/4℃란 15℃의 기름과 4℃의 같은 부피의 물과의 중량비를 말하며, 비중 60/60°F란 60°F의 기름과 같은 부피의 60°F의 순수한 물과의 중량비를 말한다. 미국석유협회가 정한 API(American Petroleum Institute) 비중은 물을 10으로 하여 물보다 가벼운 것은 10 이상, 물보다 무거운 것은 10 이하의 수치로 나타낸다. 즉 API=10일 때의 비중은 1이 된다.

(가) 비중 15/4℃

15℃의 시료의 질량과 4℃의 같은 부피의 물과의 질량과의 비

$$\text{비중} = \frac{t_1^{\circ}\text{에 있어서 시료의 용적 무게}}{t_2^{\circ}\text{에 있어서 동일 용적의 물의 무게}} = \frac{t_1^{\circ}\text{에 있어서 시료의 밀도}}{t_2^{\circ}\text{에 있어서 물의 밀도}}$$

여기서, $t_1^{\circ} = 15℃$　　　$t_2^{\circ} = 4℃$ (미국 : $t_1^{\circ} = t_2^{\circ} = 60°F$)

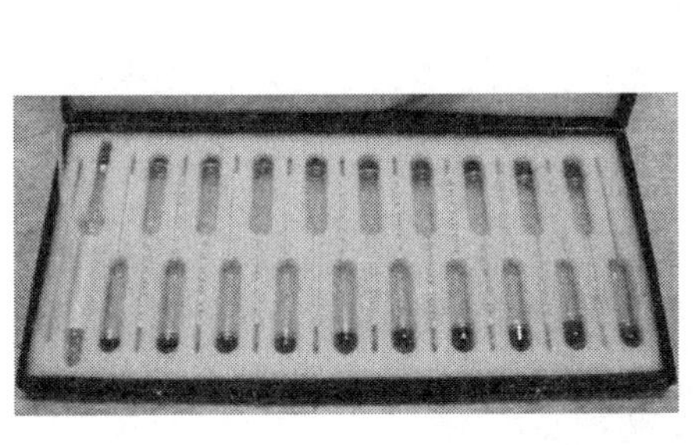

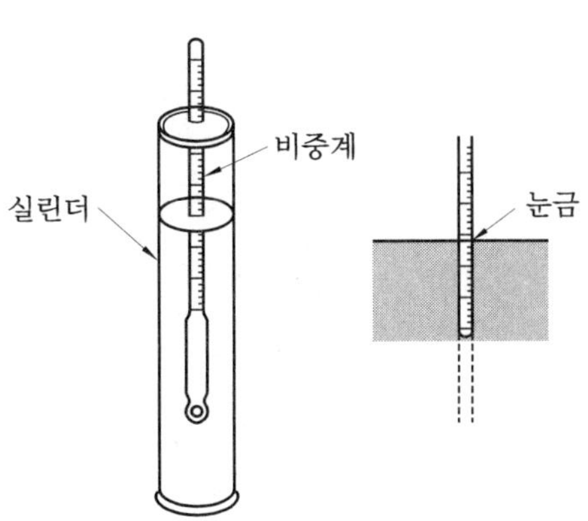

[그림 5-1] 비중계에 의한 측정

(나) 비중 60/60°F

60°F의 기름과 같은 부피의 60°F의 순수한 물과의 중량비

(다) API도

미국석유협회(API)에서 정한 비중으로서 물을 10으로 하여 물보다 가벼운 것은 10 이상, 물보다 무거운 것은 10 이하의 수치로 나타낸다. 예를 들어 비중 1은 API=10에 해당된다.

$$API도 = \frac{141.5}{비중(60°F/60°F)} - 131.5$$

(2) 시험 기구

(가) 비중계

비중 0.002의 눈금이 있는 것으로서 [표 5-1]에 표시한 번호 및 유효 눈금 범위로 된 유리제 비중계로 한다.

(나) 온도계

KS B5314(석유류 시험용 유리제 온도계)에 규정하는 온도계 번호 42(SG)를 사용한다.

(다) 실린더

따르는 주둥이가 있는 유리제로서 [그림 5-2]와 같은 모양과 치수의 것으로 사용한다.

(라) 항온조

조 내의 온도를 실험 온도 ±0.5℃ 이내로 조정할 수 있는 공기 중탕 또는 물중탕으로, 조 내에서 비중 측정이 용이한 큰 용기로 한다.

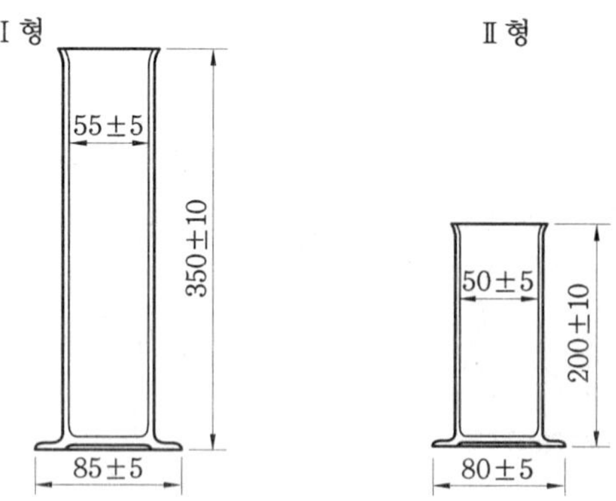

[그림 5-2] 실린더

[표 5-1] 비중계의 번호 및 유효 눈금 범위

번 호	유효 눈금 범위	
	Ⅰ 형	Ⅱ 형
1	0.6000~0.6500	0.600~0.650
2	0.6500~0.7000	0.650~0.700
3	0.7000~0.7500	0.700~0.750
4	0.7500~0.8000	0.750~0.800
5	0.8000~0.8500	0.800~0.850
6	0.8500~0.9000	0.850~0.900
7	0.9000~0.9500	0.900~0.950
8	0.9500~1.0000	0.950~1.000
9	1.0000~1.0500	1.000~1.050
10	1.0500~1.1000	1.050~1.100

(3) 시험 절차

(가) 준비

① 시료를 일정 온도로 유지시키고 실린더, 비중계 및 온도계를 시료와 거의 같은 온도
가 되게 한다.

② 실린더에 기포가 생기지 않도록 시료를 채운다. 만약 기포가 생기면 거름종이로 제거
한다.

③ 온도계의 수은 부분이 완전히 잠긴 상태에서 시료를 천천히 저어 준 후, 온도계가 수
은주 위 끝까지 잠기게 하여 시료 온도를 0.1℃까지 읽는다.

④ 비중계를 띄운다.

⑤ 비중계가 실린더에 닿지 않고 정지할 때까지 기다린다.

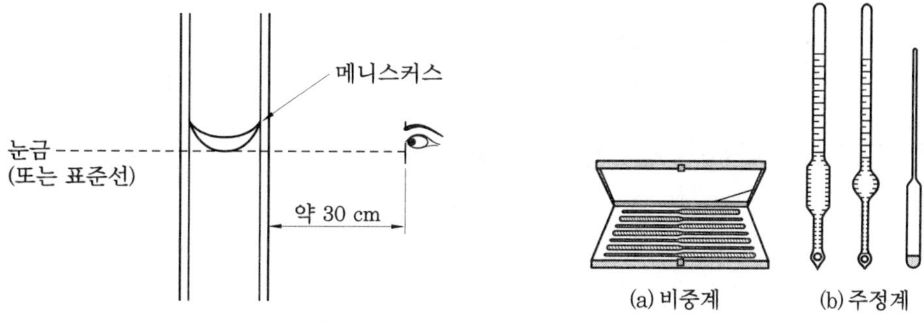

[그림 5-3] 눈금 읽기　　　　　　[그림 5-4] 비중계와 주정계

[표 5-2] 시료의 종류와 시험 온도

시료 \ 조건	비중	인화점($℃$)	시험 온도
고휘발성	0.7 이하	–	2($℃$) 이하
휘발성	0.7 이상	120($℃$) 이하	18($℃$) 이하
고점도의 휘발성	0.7 이상	120($℃$) 이하	묽어지는 최저 온도
불휘발성	0.7 이상	120($℃$) 이상	90($℃$) 이하
석유류 및 혼합물	–	–	15($℃$)

(나) 측정

① 수평면 눈금이라고 표시된 비중계는 메니스커스 아랫부분의 세분 눈금 1/2까지 읽어서 기록한다.

② 투명 시료일 경우 눈금을 읽으려면 먼저 눈을 시료면의 조금 밑에서부터 점차 위로 올려 처음에 긴 원형으로 보였던 액면이 일직선이 되었을 때 읽는다.

③ 비중계를 빼내서 비중 측정 직후의 시료 온도를 0.1℃까지 읽는다. 만일 측정 전후의 온도차가 0.5℃를 넘으면 시료 온도를 다시 정온으로 유지시켜 온도와 비중 측정을 반복한다.

④ 비중 측정 전후의 온도차가 0.5℃ 이내인 것은 그 온도 평균치를 측정 온도로 기록한다.

(다) 비중값 계산

이때의 측정값을 $t/4℃$의 값이라 하며, 이를 $15/4℃$로 수정하기 위해 KSM 2003의 표를 이용하거나 다음 계산식을 이용한다.

$$참비중 \quad S = M\{1 + 0.0007(t_1 - 15)\}$$

여기서, $\quad S$: 15/4℃의 참비중

$\qquad M$: 측정 온도($t_1℃$)에서의 비중계 눈금(겉보기 비중)

$\qquad t_1$: 측정 온도 ($℃$)

1-2 점도(viscosity, KS M 2014)

(1) 개요

(가) 점도의 정의

점도(viscosity)란 액체 내의 전단 속도가 있을 때 그 전단 속도 방향의 수직면에서 속도

방향으로 단위 면적에 따라 생기는 전단 응력의 크기로서 표시하는 액체의 내부 저항이다.

① 점도의 차원 : $\dfrac{\text{질량}}{\text{길이} \times \text{시간}}$

② 점도의 단위 : Newton · second / m^2

　　보조 단위에는 포아즈(Ps)와 센티포아즈(cPs)가 있다.

$$1Ps = 0.1N \cdot s/m^2$$

$$1cPs = \frac{1}{100}Ps$$

③ 동점도(kinematic viscosity)의 차원

$$\frac{(\text{길이})^2}{\text{시간}}[m^2/s]$$

　　보조 단위에는 스토크스(St)와 센티스토크스(cSt)가 있다.

$$1St = 0.0001m^2/s$$

$$1cSt = \frac{1}{100}St$$

④ 절대 점도의 차원

$$\text{동점도의 차원}\left(\frac{\text{길이}^2}{\text{시간}}\right) \times \text{밀도의 차원}\left(\frac{\text{질량}}{\text{부피}}\right) = \frac{\text{질량}}{\text{길이} \times \text{시간}}$$

　　즉, 동점도 × 밀도 = 절대 점도

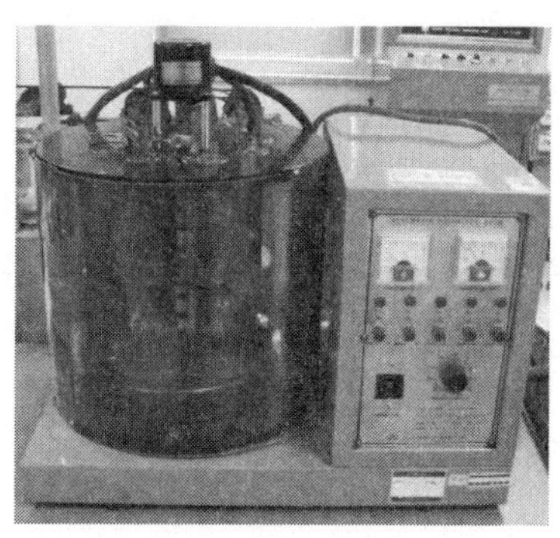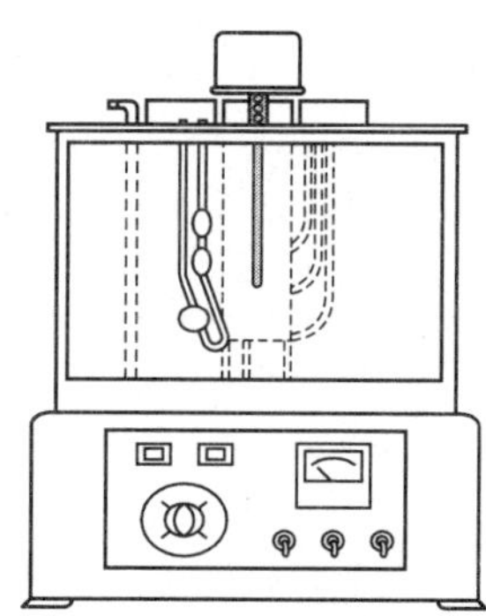

[그림 5-5] 동점도 측정용 항온조

(2) 적용 범위

　동점도의 측정 방법은 투명 또는 불투명한 일정한 용량의 시료가 규정 조건에서 보정된 점도계의 모세관을 흐르는 데 소요되는 시간을 측정하고 이 유출 시간과 점도계 정수에서 동점도를 산출하여 계산한다.

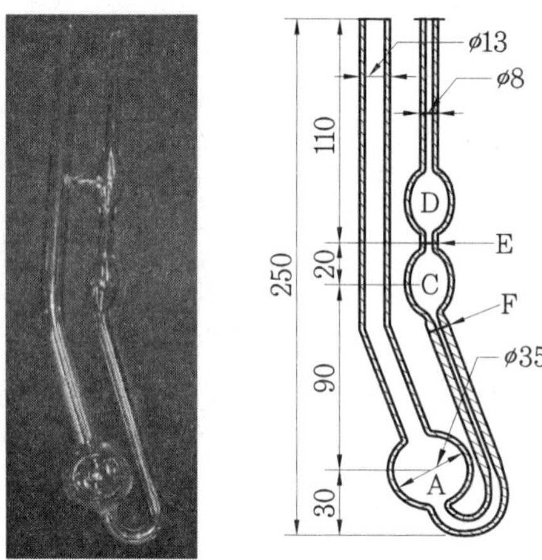

[그림 5-6] 케넌펜스케 점도계

[표 5-3] 케넌펜스케 점도계 선정 자료

점도계 번호	점도계 정수	동점도 범위		
25	0.002	0.5	to	2
50	0.004	0.8	to	4
75	0.008	1.6	to	8
100	0.015	3	to	15
150	0.035	7	to	35
200	0.1	20	to	100
300	0.25	50	to	250
350	0.5	100	to	500
400	1.2	240	to	1200
450	2.5	500	to	2500
500	8	1600	to	8000
600	20	4000	to	20000
650	45	9000	to	45000
700	100	20000	to	100000

(3) 시험 절차

(가) 준비

① 측정용 시료(윤활유)를 50cc용 비커에 30cc 정도 채취한다. 이때 시료는 $75\mu m$의 금속망 또는 거름종이에 걸러서 불순물을 제거한다.

② 케넌펜스케 점도계, 흡인용 주사기와 흡입 호스, 초시계를 준비한다.

③ 항온조를 가열하여 서미스터를 40℃(±0.5℃)가 되도록 세팅한다.

(나) 점도계 선정

점도계는 유출 시간이 120~200초 정도가 되는 건조된 점도계를 선정한다.

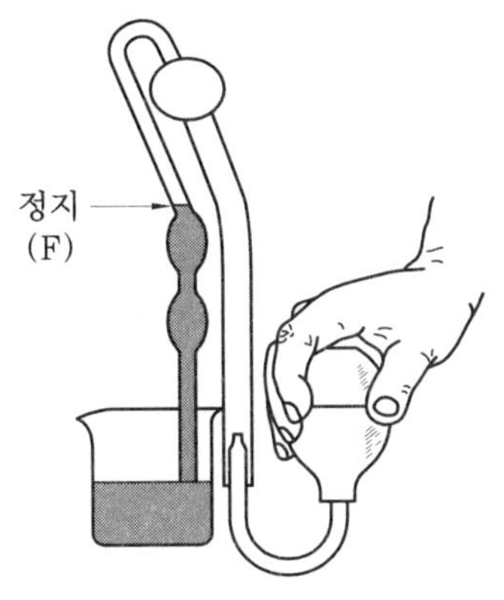

[그림 5-7] 시료 채취

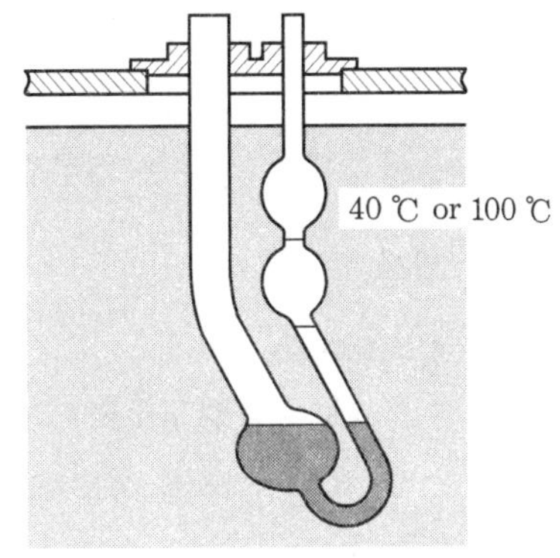

[그림 5-8] 점도계 설치

(다) 시료 채취

점도계를 거꾸로 하여 작은 관은 시료에 담그고 굵은 관에 흡인 호스를 연결하여 F선의 위치까지 채운다.

(라) 점도계를 항온조에 설치

점도계를 점도계 홀더에 끼우고 미리 조절한 항온조 속에 수직으로 설치하고 점도계 속의 시료가 항온이 될 때까지 방치한다. 이때 시험 온도가 40℃일 때는 약 10분간, 100℃일 때는 약 15분간이다.

(마) 측정

① 시료의 온도가 균일하게 되면 작은 관에서 빨아들여 시료를 E와 F 사이의 구(球)에 채우고 시료의 액면을 E의 표선보다 약 5㎜ 위치까지 끌어올린다.

② 시료의 메니스커스(meniscus)가 E점을 통과하는 순간 초시계의 0점에서 ON하고, F

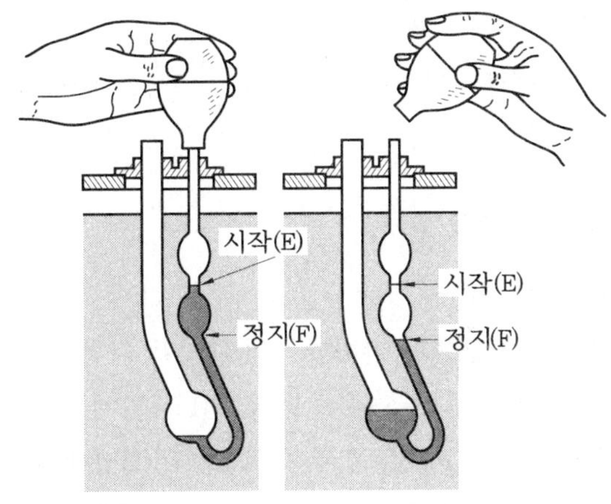

[그림 5-9] 동점도 측정

선을 통과하는 순간 OFF하여 시료가 E~F선까지 유출 시간을 0.01초까지 정확히 측
정한다.

③ 시료가 불투명할 경우는 역류형을 사용한다.

(바) 동점도 계산

동점도 계산식 V=C×t

$\quad\quad$ V : 동점도(cSt)

$\quad\quad$ C : 점도계 정수(cSt/sec)

$\quad\quad$ t : 시료의 유출 시간(sec)

(사) 정밀도 판정

① 반복성 : 사람과 장치가 같을 경우 2회 평균값의 0.35% 이내일 것

② 재현성 : 사람과 장치가 다를 경우 두 시험 결과의 차가 0.7% 이내일 것

1-3 점도 지수(viscosity index, KS M 2014)

(1) 개요

점도 지수(VI)란 오일의 점도와 온도와의 관계를 지수로 나타내는 실험값으로서, 오일의 점
도는 온도가 상승하면 점도가 낮아지고 반대로 온도가 낮아지면 점도가 커지게 된다. 따라서
점도 지수가 클수록 온도가 달라지더라도 점도 변화의 폭이 작다는 것을 의미한다.

점도 지수는 오일의 열에 대한 안정성을 확인하는 시험으로서 엔진 오일의 경우, 시동 시와
운전 중의 오일의 온도는 매우 다르므로 점도 지수가 높은 오일을 사용하여야 저온에서도 시동
이 용이하고 운전 중의 고온 상태에서도 충분한 유막을 형성하여 윤활의 효과를 높일 수 있다.

(2) 점도 지수 산출 방법의 종류

점도 지수는 오일의 40℃에서의 동점도와 100℃에서의 동점도를 구하여 다음 방법에 따라
계산한다.

(가) A법(VI<100인 석유 제품)

(나) B법(VI>100인 석유 제품)

점도 지수(VI)가 100 이상인지 이하인지의 예상은 다음과 같이 파악한다.

① 40℃의 동점도가 H보다 큰 경우 : VI<100 (A법에 의한 산출)

② 40℃의 동점도가 H보다 작은 경우 : VI>100 (B법에 의한 산출)

③ 40℃의 동점도가 H와 일치한 경우 : VI=100 (계산 불필요)

(3) A법에 의한 점도 지수 산출(VI<100)

(가) 점도 지수를 산출하는 데 필요한 수치(L, H, D)를 구하는 방법

① 시료의 100℃에서 동점도가 2~70cSt인 경우 [표 5-4]에서 L, H 또는 D의 값을 구한다.

$$VI = \frac{L-U}{L-H} \times 100 = \frac{L-U}{D} \times 100$$

② 시료의 100℃에서 동점도가 70cSt를 초과하는 경우 다음 식에 따라 L 및 D를 구한다.

$$L = 0.8353\,Y^2 + 14.67Y - 216$$
$$D = 0.6669\,Y^2 + 2.82Y - 119$$

여기서, L : 100℃에서 시료와 동일한 동점도를 갖는 VI=0인 오일의 40℃에서의 동점도
U : 시료 40℃에서의 동점도
D : L-H
H : 100℃에서 시료와 동일한 동점도를 갖는 VI=100인 오일의 40℃에서의 동점도
Y : 시료 100℃에서의 동점도

[점도 지수 계산 예(1)]
40℃의 동점도가 7.642cSt, 100℃의 동점도가 2.279cSt일 때 점도 지수를 계산하시오.

(풀이)
(1) 100℃의 동점도가 70cSt 이하이므로 다음 식을 사용한다.

$$VI = \frac{L-U}{L-H} \times 100 = \frac{L-U}{D} \times 100 \quad \text{식에서 U=2.279이므로 L과 D를 구한다.}$$

(2) [표 5-4]에서 모사법으로 풀면 다음과 같다.

100℃에서의 동점도(cSt)	L	D (L-H)	H
2.20	9.309	1.898	7.410
2.279	L?	D?	
2.30	10.00	2.056	7.944

따라서, $L = 9.309 + \dfrac{(2.279 - 2.20)}{(2.300 - 2.20)} \times (10 - 9.309) = 9.855$

$$D = 1.898 + \frac{(2.279 - 2.20)}{(2.300 - 2.20)} \times (12.056 - 1.898) = 2.023$$

$$VI = \frac{L - U}{D} \times 100 = \frac{9.855 - 7.642}{2.023} \times 100 = 109$$

그러나 VI<100이 아니고 109이므로 VI>100의 계산식에 대입해야 한다.

(3) B법에 의한 점도 지수 산출(VI>100)

점도 지수를 산출하는 데 필요한 H값 구하는 방법

　① 시료의 100℃에서 동점도가 2~70cSt인 경우 [표 5-4]에서 H값을 구한다.

　② 시료의 100℃에서 동점도가 70cSt를 초과하는 경우인 경우에는 다음 식에 따라 H값
　　을 계산한다.

$$H = 0.1684\,Y^2 + 11.85\,Y - 97$$

$$VI = \frac{10^N - 1}{0.00715} + 100$$

$$N = \frac{\log H - \log U}{\log Y}$$

여기서, H : 100℃에서 시료와 동일한 동점도를 갖는 VI=100인 오일의 40℃에서의 동점도

　　　　Y : 시료 100℃에서의 동점도

　　　　N : Y를 H와 U의 비에 일치시키기 위해 필요한 멱수

　　　　U : 시료 40℃에서의 동점도

[점도 지수 계산 예(2)]

40℃의 동점도가 7.642cSt, 100℃의 동점도가 2.279cSt일 때 점도 지수를 계산하시오.

(풀이)

(1) A법으로 계산한 결과 VI=109가 나왔기 때문에 B법으로 다시 풀어야 한다.

(2) B법으로 풀면

$$VI = \frac{10^N - 1}{0.00715} + 100$$

$$N = \frac{\log H - \log U}{\log Y} + 100$$이므로 H, U, Y값의 계산이 필요하다.

[표 5-4] 동점도에 대응하는 L, D 및 H의 값

100℃에서의 동점도(cSt)	L	D (L-H)	H	100℃에서의 동점도(cSt)	L	D (L-H)	H
2.00	7.944	1.600	6.394	7.50	88.85	34.87	53.98
2.10	8.640	1.746	6.894	7.60	91.04	35.94	55.09
2.20	9.309	1.893	7.410	7.70	93.20	37.01	56.20
2.30	10.00	2.056	7.944	7.80	95.43	38.12	57.31
2.40	10.71	2.219	8.496	7.90	97.72	39.27	58.45
2.50	11.45	2.390	9.063	8.00	100.0	40.40	59.60
2.60	12.21	2.567	9.647	8.10	102.3	41.57	60.74
2.70	13.00	2.748	10.25	8.20	104.6	42.72	61.89
2.80	13.80	2.937	10.87	8.30	106.9	43.85	63.05
2.90	14.63	3.132	11.50	8.40	109.2	45.01	64.18
3.00	15.49	3.334	12.15	8.50	111.5	46.19	65.32
3.10	16.36	3.540	12.82	8.60	113.9	47.40	66.48
3.20	17.26	3.753	13.51	8.70	116.2	48.57	67.64
3.30	18.18	3.971	14.21	8.80	118.5	49.75	68.79
3.40	19.12	4.396	14.93	8.90	120.9	50.96	69.94
3.50	20.09	4.428	15.66	9.00	123.3	52.20	71.10
3.60	21.08	4.665	16.42	9.10	125.7	53.40	72.27
3.70	22.09	4.909	17.19	9.20	128.7	54.61	73.42
3.80	23.13	5.157	17.97	9.30	130.4	55.84	74.57
3.90	24.19	5.415	18.77	9.40	132.8	57.10	75.73
4.00	25.32	5.756	19.56	9.50	135.3	58.36	76.91
4.10	26.50	6.129	20.37	9.60	137.7	59.60	78.08
4.20	27.75	6.546	21.21	9.70	140.1	60.87	79.27
4.30	29.07	7.017	22.05	9.80	142.7	62.22	80.46
4.40	30.48	7.560	22.92	9.90	145.2	63.54	81.67
4.50	31.96	8.156	23.81	10.0	147.7	64.86	82.87
4.60	33.52	8.806	24.71	10.1	150.3	66.22	84.08
4.70	35.13	9.499	25.63	10.2	152.9	67.56	85.30
4.80	36.79	10.22	26.57	10.3	155.4	68.90	86.51
4.90	38.50	10.97	27.58	10.4	158.0	70.25	87.72
5.00	40.23	11.74	28.49	10.5	160.6	91.63	88.95
5.10	14.99	12.53	29.46	10.6	163.2	73.00	90.19
5.20	43.76	13.32	30.43	10.7	165.8	74.42	91.40
5.30	45.53	14.13	31.40	10.8	168.5	75.86	92.65
5.40	47.31	14.94	32.37	10.9	171.2	77.33	93.92
5.50	49.09	15.75	33.34	11.0	173.9	78.75	95.19
5.60	50.87	16.55	34.32	11.1	176.6	80.20	96.45
5.70	52.64	17.36	35.29	11.2	179.4	81.65	97.71
5.80	54.42	18.16	36.26	11.3	182.1	83.13	98.97
5.90	56.20	18.97	37.23	11.4	184.9	84.63	100.2
6.00	57.97	19.78	38.19	11.5	187.6	86.10	101.5
6.10	59.74	20.57	39.17	11.6	190.4	87.61	102.8
6.20	61.52	21.38	40.15	11.7	193.3	89.18	104.3
6.30	63.32	22.19	41.13	11.8	196.2	90.75	105.4
6.40	65.18	23.03	42.14	11.9	199.0	92.30	106.7
6.50	67.12	23.94	43.18	12.0	201.9	93.87	108.0
6.60	69.16	24.92	44.24	12.1	204.8	95.47	109.4
6.70	71.29	25.96	45.33	12.2	207.8	97.07	110.7
6.80	73.48	27.04	46.44	12.3	210.7	98.66	112.0
6.90	75.72	28.21	47.51	12.4	213.6	100.3	113.3
7.00	78.89	29.48	48.37	12.5	216.6	101.9	114.7
7.10	80.35	30.63	49.61	12.6	219.6	103.6	116.0
7.20	82.39	31.70	50.69	12.7	222.6	105.3	117.4
7.30	84.53	32.74	51.78	12.8	225.7	107.0	118.7
7.40	86.66	33.79	52.88	12.9	228.8	108.7	120.1

100℃에서의 동점도(cSt)	L	D (L–H)	H
2.20	9.309	1.898	7.410
2.279			*H?*
2.30	10.00	2.056	7.944

$$H = 7.140 + \frac{(2.279 - 2.20)}{(2.30 - 2.20)} \times (7.944 - 7.410) = 7.832$$

$$U = 7.642 \,(40℃의\ 동점도)$$

$$Y = 2.279 \,(100℃의\ 동점도)$$

$$N = \frac{\log H - \log U}{\log Y} = \frac{\log 7.832 - \log 7.642}{\log 2.279} = 0.0295$$

$$N = \frac{10^{N} - 1}{0.00715} + 100 = \frac{10^{0.0295} - 1}{0.00715} + 100 = 109.83$$

따라서 점도 지수 VI는 110이 된다.

1-4 인화점(flash point, KS M 2010)

(1) 개요

(가) 인화점(flash point)이란 규정 조건에서 시료를 가열하여 작은 불꽃을 유면(油面)에 접
근시켰을 때, 기름 증기와 공기의 혼합 기체에 인화하는 최저의 시험 온도를 말한다.

(나) 인화점 시험 방법의 종류는 [표 5-5]와 같으며 그 중 윤활유 시험용으로는 클리브런드
개방식 인화점 시험기가 널리 사용된다.

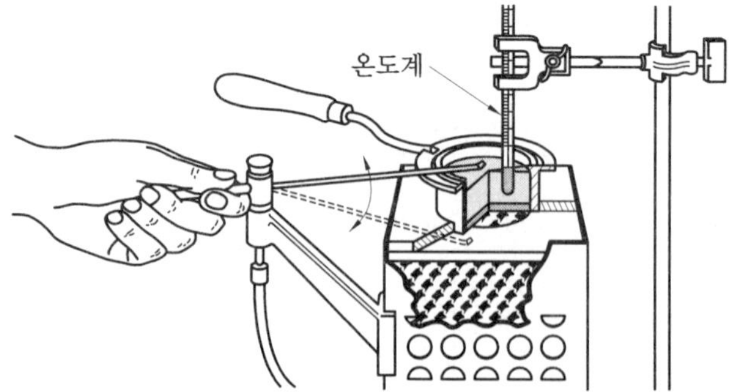

[그림 5-10] 인화점 시험기

(다) 클리브런드 개방식(cleveland open cup)

　인화점 시험 방법은 시료를 시료 컵에 넣고 규정의 비율로 가열한다. 인화점 근처에 오면 온도 상승 2℃마다 규정의 크기의 시험 불꽃을 시료 컵 위를 통과시켜 시료의 증기에 인화하는 최저 온도를 측정한다.

(라) 표준 시료는 프탈산디옥틸을 사용한다.

(2) 시험 장치의 구성

　① 기름단지

　② 가열판 : 원형의 황동판과 경질의 석면판

　③ 시험 가스관

　④ 가열기 : 가스 버너 또는 전열기

　⑤ 온도계 : ASTM 온도계

　⑥ 온도계 집게

　⑦ 가열판 받침대

　⑧ 바람막이

[표 5-5] 인화점 시험 방법의 종류

시 험 방 법		인화점에 의한 적용 구분	적용 유종(보기)
1. 태그	밀폐식	인화점이 95℃ 이하의 시료에 적용한다.	원유, 공업용 휘발유, 등유, 항공터빈 연료유
	개방식	인화점이 −18~163℃의 휘발성 시료에 적용한다.	
2. 펜스키마아텐스 밀폐식		인화점이 50℃ 이상의 시료에 적용한다.	원유, 경유, 중유, 항공터빈 연료유, 절삭유제, 방청유
3. 클리브런드 개방식		인화점이 800℃ 이상의 시료에 적용한다. 통상 원유 및 연료유에는 적용하지 않는다.	석유아스팔트, 각종 윤활유, 유동 파라핀, 석유 왁스, 절삭유제, 열처리유, 에어필터유, 방청유

(3) 시험 절차(클리브런드 개방식 인화점 시험)

(가) 준비

　① 시험기를 공기의 유동이 없는 실내에 설치한다.

　② 컵을 깨끗이 세척하여 표선까지 시료를 채우고 기포를 제거하여 가열판 위에 얹는다.

　③ 온도계를 기름단지 중심과 안벽과의 중간에 컵의 바닥으로부터 약 6.5㎜ 위에 위치시킨다.

(나) 시험

① 가스관에 점화하여 불꽃 크기를 표준 백색구에 맞추거나 불꽃 지름이 4 ± 0.8mm가 되도록 조절한다.

② 시료를 가열하여 $14\sim17$℃/분의 비율로 온도를 가열한다.

③ 예상 인화점보다 28℃ 낮은 온도에서 인화점에 도달할 때까지 매분 5.5 ± 0.5℃의 비율로 온도가 상승하도록 한다.

④ 온도가 예상 인화점보다 28℃ 낮은 온도가 되면 온도계의 눈금을 읽고 2℃ 상승할 때마다 시험 불꽃을 움직여 컵 위 2mm 이내의 높이로 약 1초간 통과시킨다.

⑤ 시료 표면에 명백한 인화가 인정되면 온도계의 눈금을 기록한다. 시험 불꽃 주위에 나타나는 청백광(靑白光)을 인화로 인정해서는 안 된다.

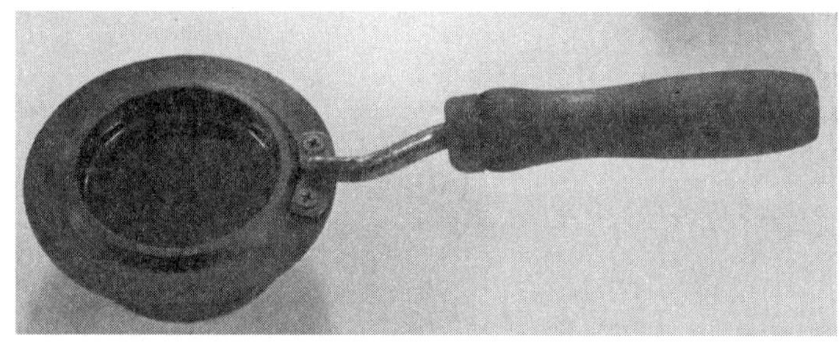

[그림 5-11] 기름단지(황동제 컵)

⑥ 연소점을 측정할 때는 인화점 측정 후 다시 5.5 ± 0.5℃의 비율로 가열을 계속하면서 2℃마다 시험 불꽃을 움직이고, 시료가 적어도 5초간 연소가 계속되는 최초의 온도를 기록한다.

⑦ 대기압에 대한 보정은 시험할 때의 대기압을 기록하고, 대기압이 $635\sim715$mmHg일 때는 보정값 2.8℃를 측정치에 가산한다.

1-5 전산가(total acid number, KS M 2004)

(1) 개요

전산가(Total Acid Number : TAN)란 시료 1g 중에 함유되어 있는 모든 성분을 중화하는 데 필요한 KOH의 mg 수를 말한다.

(2) 시약

① 0.1N KOH(알코올성) 20ml를 마이크로 뷰렛에 넣어 사용한다.

② 혼합용제 : 톨루엔 500㎖, 이소프로필알코올 495㎖, 증류수 5㎖를 혼합하여 조제한다.

③ 지시약 : α-나프톨 벤젠 지시약을 사용한다.

(3) 0.1N KOH (알코올성)의 제조

① 2ℓ의 삼각 플라스크에 이소프로필알코올(시약용)을 약 1ℓ 넣는다.

② KOH(시약용) 6g을 넣는다.

③ 바닥에 덩어리가 지지 않도록 저으면서 약 15~20분간 서서히 끓인다.

④ 완전 용해시킨 후 CO_2가 닿지 않도록 하여 방치한다.

⑤ 방치 후 그 상등액을 폴리에틸렌 병에 넣고 아스베스트를 채운 보호관을 붙여 보관한다.

⑥ 보정값(factor)을 계산하여 기록해 둔다.

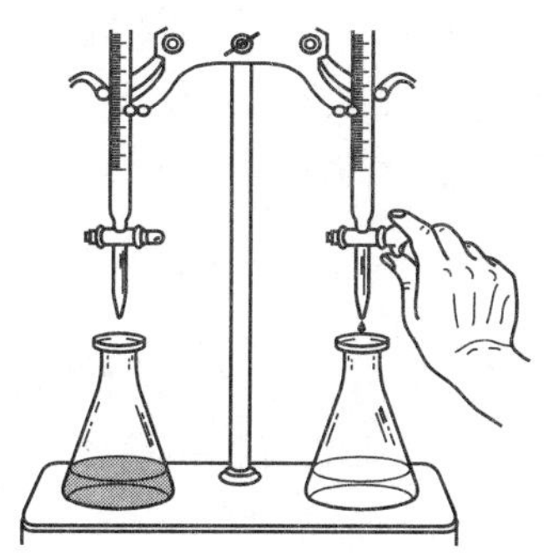

[그림 5-12] 전산가 시험 장치

(4) 시험 절차

(가) 준비

① 비커를 준비한다. 비커는 200㎖용으로 증류수로 세척한 후 건조기에서 완전히 건조 시킨 것이어야 한다.

② 비커에 숫자를 매긴다.

③ 화학 천평을 준비한다.

④ 빈 비커의 무게를 측정한다.

⑤ 시료를 비커에 약 0.5~1g 정도 취한다.

　신유일 경우 약 1~2g 정도 취하고 열화가 심한 사용유는 약 0.5g 정도 취한다.

⑥ 비커에 혼합용제(톨루엔 500 : 이소프로필알코올 495 : 증류수 5)를 100㎖에 취한다.

⑦ 비커에 α-나프톨벤젠 지시약을 약 3㎖(7~8방울) 취한다.

(나) 측정

① 마이크로뷰렛에 0.1N KOH를 3~5㎖ 취한다.

② 교반기에 준비된 시료를 충분히 교반시킨다.

③ 마그네틱 바는 시약용 스푼으로 매시험 시 세척해야 하며, 세척 시 이소프로필알코올로 세척 후 휴지로 닦는다.

④ 마그네틱 바의 회전은 기포가 발생하지 않을 정도의 적당한 속도로 교반한다.

⑤ 마이크로뷰렛에 0.1N KOH량을 읽고 기록한다.

⑥ 마이크로 뷰렛의 콕을 조작하여 0.1N KOH를 미소량으로 적하한다(0.01~0.02㎖ 정도). 이때 고유의 색을 염두에 두고 기억한 후 반복 적하할 때 순간적인 변색이 1~2초 정도 될 경우는 계속 적하한다.

⑦ 변색(푸른색)이 약 15초 정도 유지할 때 적정을 정지한다. 만약 적정이 너무 많은 양인 경우 변색이 회복되지 않는다. 즉 이것은 0.1N KOH량이 너무 많아 알칼리성으로 되었기 때문에 실험을 잘못한 결과가 된다.

⑧ 0.1N KOH의 적하량을 읽고 기록한다.

(다) 전산가 계산

$$전산가(TAN) = \frac{56.1 \times 0.1 \times facter \times 0.1N\ KOH량(ml)}{시료\ 채취량(g)} (mg \cdot KOH/g)$$

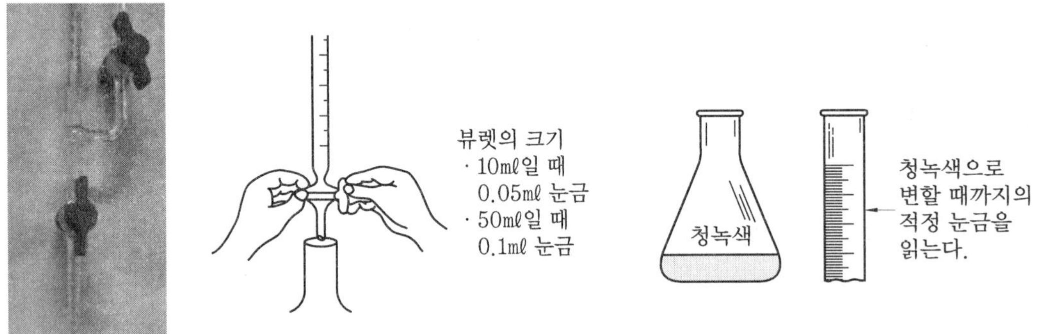

[그림 5-13] 마이크로 뷰렛의 조작　　　　[그림 5-14] 전산가의 판정

1-6 수분(water in oil, KS M 2058)

(1) 개요

석유 제품 중에 함유된 수분을 시험한다.

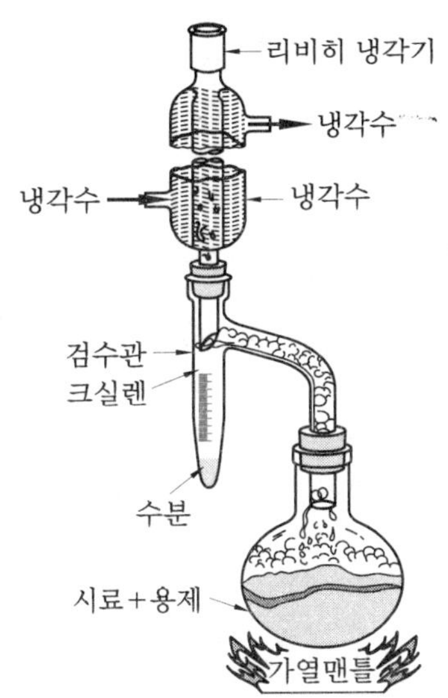

[그림 5-15] 수분 시험기

(2) 시험 준비

(가) 수분 시험기를 준비한다.

① 가열 맨틀(전열식)

② 둥근 플라스크(500㎖)

③ 검수관(눈금부)

(나) 용제를 준비한다.

용제는 크실렌이나 벤젠 또는 솔벤트

(다) 시료를 취한다.

① 시료 100㎖를 둥근 플라스크에 취하고 용제(KSM2058)를 100㎖ 가한다. 이때 시료 채취 시 시료는 충분히 흔들고 난 후 채취한다.

② 비등석을 1~2조각 넣는다(기포 발생 방지 및 비등 방지).

(3) 수분 시험

(가) 수분 시험기를 세팅하고 가열 맨틀의 온도 조절기를 조정하여 가열한다.

(나) 약 10분 정도 지나면 용제에 녹은 시료가 끓어 리비히 냉각관에까지 올라간다.

(다) 냉각관에서 액상으로 바꿔 검수관으로 떨어지면 시료용제가 환유하는 시점에서 15분 이내에 시험을 끝낸다.

(라) 검수관을 가열기에서 빼어낸 후 완전 냉각되면 검수관의 눈금(수분 함유량)을 읽고 기록한다.

(마) 2회 반복한다.

(4) 수분 함량 계산

2회 시험 결과 검출된 물의 양의 차가 0.1㎖를 넘지 않을 경우 평균값을 취하고 부피를 무게로 환산한다.

$$수분\ 함유량\ P= \frac{\text{w}}{W} \times 100(\%)$$

$$\text{w} : 유출한\ 물의\ 량(㎖\ 또는\ ㎎)$$

$$\overline{W} : 시료의\ 부피(㎖)\ 또는\ 무게(㎎)$$

1-7 침전가(precipitation number, KS M 2023)

(1) 개요

(가) 침전가란 시료 10㎖와 침전용 나프타 90㎖를 혼합하여 규정 조건 아래에서 원심 분리하였을 때에 생기는 침전물의 ㎖를 말한다.

(나) 시험 방법은 원심 분리용 시험관에 시료 10㎖와 침전용 나프타 90㎖를 취하고, 규정 조건 아래에서 원심 분리를 하여 침전물의 부피를 측정한다.

(2) 원심 분리 장치

(가) 원심 분리용 눈금 시험관은 [그림 5-17]과 같은 모양과 치수의 유리로 만든 눈금 시험관을 사용한다. 각 시험관의 최소 눈금과 그 눈금의 허용차 범위는 [표 5-6]과 같다.

[그림 5-16] 원심 분리기

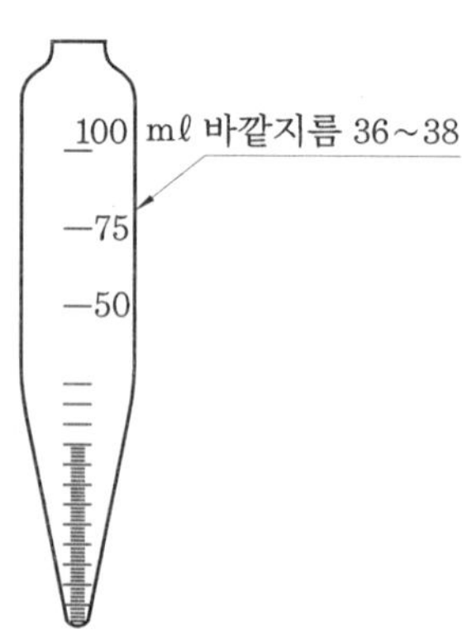

[그림 5-17] 원심 분리용 눈금 시험관

[표 5-6] 시험관 눈금 허용차

범위(㎖)	최소 눈금 간격(㎖)	최대 허용차(㎖)
0~0.1	0.05	0.02
0.1~0.3	0.05	0.03
0.3~0.5	0.05	0.05
0.5~1.0	0.1	0.05
1.0~2.0	0.1	0.10
2.0~3.0	0.2	0.10
3.0~5.0	0.5	0.20
5.0~10.0	1	0.50
10.0~25	5	1.0
25~100	25	1.0

(나) 원심 분리기는 2개 이상의 시험 간에 시료를 넣고 시험관의 끝부분의 상대 원심력이 600~700이 되도록 회전할 수 있는 것으로 회전축, 시험관의 외통 및 완충용 고무는 모두 최대 원심력에 견딜 수 있어야 한다.

회전축의 매분 회전수는 다음 식으로 산출한다.

$$N = 1335 \sqrt{\dfrac{rcf}{a}}$$

n : 회전축의 회전수(rpm)

rcf : 상대 원심력

a : 회전 상태에 있어 대응하는 2개 시험관의 끝과 끝 사이 거리, 즉, 회전 지름(㎜)

(다) 침전용 나프타는 [표 5-7]의 규격 제품을 사용한다.

[표 5-7] 침전용 나프타

항　목	규　정	시험 방법
비중 15/4℃	0.692~0.702	KS M 2002
어닐린점℃	58~60	KS M 2053
분류 성상(감실량 가산)	–	KS M 2031
초류 온도℃	50 이상	–
50% 유출 온도℃	70~80	–
종점 ℃	130 이하	–

※ KSM2002 (원유 및 석유 제품 비중 시험 방법)
　KSM2053 (석유 제품 아닐린점 및 혼합 아닐린점 시험 방법)
　KSM2031 (석유 제품 증류 시험 방법)

(3) 시험 절차

(가) 준비

① 원심 분리용 시험관 2개를 깨끗이 닦고 건조시킨다.

② 시험관 2개에 실온에서 각각 시료 10㎖를 정확하게 취하고, 여기에 100㎖의 눈금까지 침전용 나프타를 넣는다.

③ 코르크 마개를 단단하게 끼우고 완전히 혼합될 때까지 20회 정도 흔든다.

④ 시험관을 32~35℃의 온탕 속에서 5분간 정치한 후 마개를 열어 압력을 뺀 다음, 다시 마개를 단단히 끼우고 20회 정도 세게 흔든다.

(나) 원심 분리

① 시험관이 균형이 잡히도록 회전축의 각각 반대 축에 끼운다.

② 상대 원심력이 600~700(r.c.f)가 되도록 10분간 회전시킨다.

③ 반복하여 각 시험관에 침전물의 부피가 3회 일정해질 때까지 침전물 부피를 0.1㎖ 까지 읽는다.

(다) 측정

0.1㎖ 이상의 차가 있으면 평균값을 침전가로 본다.

1-8 사용유에 대한 불용 성분(KS M 2221)

(1) 개요

불용성 물질은 펜탄 불용 성분과 벤젠 불용 성분으로 크게 나누며, 펜탄에 녹지 않는 물질을 펜탄 불용 성분(고무질, 아스팔트질, 수지질탄소, 연료 검댕, 금속, 먼지, 납염 등)이라 한다.

시험 방법은 A법과 B법으로 나누어 A법은 응결제를 사용하지 않은 펜탄 및 벤젠 불용 성분을 측정하는 데 사용하며, B법은 청정제 및 응결제를 함유한 오일에 대한 펜탄 및 벤젠 불용 성분을 측정하는 데 사용한다.

(2) 시험 기구

① 원심 분리 시험관(100㎖의 원추 시험관)

② 원심 분리기(1390~1610rpm)

③ 건조기(105±30℃)

④ 화학천평

[표 5-8] 회전 지름에 대한 매분 회전수

회전 지름(mm)	rcf=600에 대한 rpm	rcf=700에 대한 rpm
483	1,490	1,610
508	1,450	1,570
533	1,420	1,530
559	1,390	1,500

(3) 시약 및 용제

① 벤젠(시약용)

② 벤젠-알코올 용액〔에탄올(시약용) 1 : 벤젠 1〕

③ 펜탄(시약용)

④ 펜탄-응결제 용액(n-펜탄 1ℓ 에 n-부틸디에탄올아민 50㎖와 이소프로필알코올 50 ㎖를 혼합한 것)

⑤ 증류수

(4) 시험 절차

펜탄 불용 성분의 시험(A)법은 다음과 같다.

(가) 준비

① 건조된 시험관의 무게를 단 후 시료를 $10\pm0.1g$을 달아 100㎖까지 펜탄으로 채운다.

② 시험관을 마개로 막고 혼합액이 균일하게 될 때까지 흔든다.

③ 마개를 열어 소량의 펜탄을 스포이트를 사용하여 마개에 묻어 있는 불용 성분을 시 험관에 씻어 넣는다.

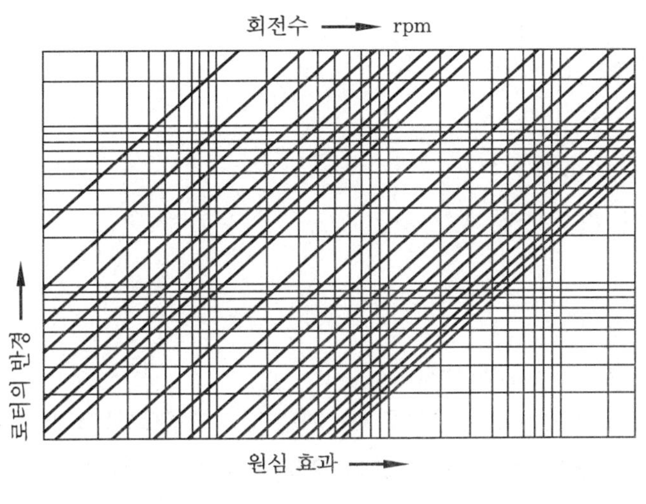

[그림 5-18] 원심 효과

(나) 원심 분리

① 시험관을 원심 분리기의 홀더에 설치한다.

② 상대 원심력이 600~700이 되도록 20분간 원심 분리한다.

③ 침전물이 교한 또는 분산되지 않도록 상등액을 주의하여 30㎖ 이상 남기지 않도록 따른다.

④ 시험관에 펜탄 10㎖를 가한 후 깨끗한 철사로 시험관 밑면에 붙어있는 불용 성분을 씻어 시험관에 넣고 펜탄 50㎖를 채워 마개를 막고 흔들어 20분간 원심 분리한다.

⑤ 반복한다.

(다) 건조

① 시험관 내의 상등액을 제거한 후 105±3℃의 건조기에서 30분간 건조시켜 방냉한 후 1mg까지 무게를 단다.

(라) 계산

불용 성분(%)＝10(B−A)

A : 원심 분리 시험관의 무게

B : 시험 후의 시험관 불용 성분의 무게(g)

1-9 유동점(pour point, KS M 2016)

(1) 개요

유동점이란 오일을 규정된 방법으로 냉각하였을 때 오일이 유동하는 최저의 온도를 말한다. 유동점의 온도 표시는 2.5℃의 정수배로 나타내며, 추운 지역에서 오일의 사용 유무와 저장 및 공급을 결정하는 데 그 목적이 있다.

(2) 유동점 시험 장치의 구성

① 시험관

② 온도계, 코르크 마개

③ 바깥관, 원판, 가스킷 및 냉각 중탕

(3) 시험 절차

① 시험관에 시료를 51~57mm까지 담근다.

② 온도계를 시료 표면에서 수직으로 3mm 가량 잠기도록 코르크 마개로 고정한다.

③ 48℃ 이하의 물중탕에 넣어 시료의 온도를 46℃로 유지한 후 25℃의 물중탕에서 32.5℃까지 냉각하여 바깥관에 넣는다.

④ 가스킷을 시험관의 밑에서 25㎜ 위에 끼운다.

⑤ 예상 유동점보다 10℃ 높은 온도까지 시료의 온도가 내려가면 측정을 시작한다. 이와
  같이 측정 시에는 온도가 2.5℃마다 내려갈 때 꺼내어 기울여서 유동 여부를 파악한다
  (주의할 사항은 꺼내서 넣을 때까지 3초 이내로 시험한다).

⑥ 시험관을 5초 동안 기울여 시료가 움직이지 않는 온도를 응고점이라고 하고, 이 온도
  에서 +2.5℃의 온도를 유동점이라 한다.

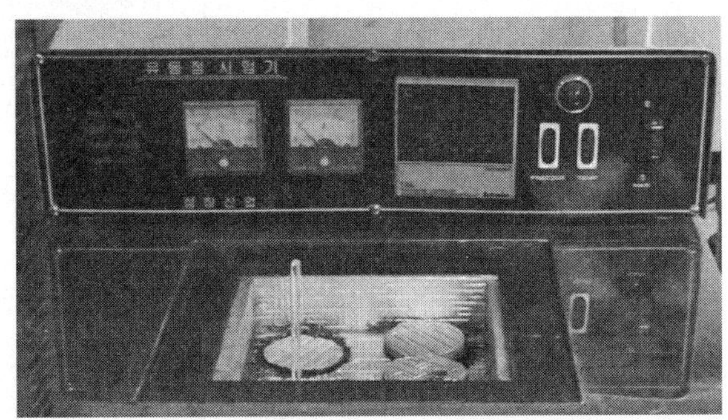

[그림 5-19] 유동점 시험기

1-10 동판 부식(copper corrosion, KS M 2018)

(1) 개요

오일 중에 함유된 부식성 유황 물질로 인한 금속의 부식 여부를 확인하는 시험으로 시험관
법과 봄베법이 있다.

일반적으로 시험관법은 솔벤트·가솔린·윤활유 등에 적용하며, 봄베법은 LPG·항공용
가솔린·항공연료유 등에 적용한다.

(2) 시험 절차(시험관법)

① 시료 약 30㎖를 시험관에 넣고, 여기에 연마 완료 후 1분 이내에 동판을 넣는다. 시험
  관에는 공기 구멍이 뚫린 코르크 마개를 막는다.

② 50±1℃ 또는 100±1℃의 가열된 중탕에 약 100㎜의 깊이까지 담그고, 180±5분간
  유지시킨 후, 시험관을 가열 중탕에서 꺼내어 [그림 5-20]의 동판 부식 표준색과 비
  교하여 부식 여부를 확인한다.

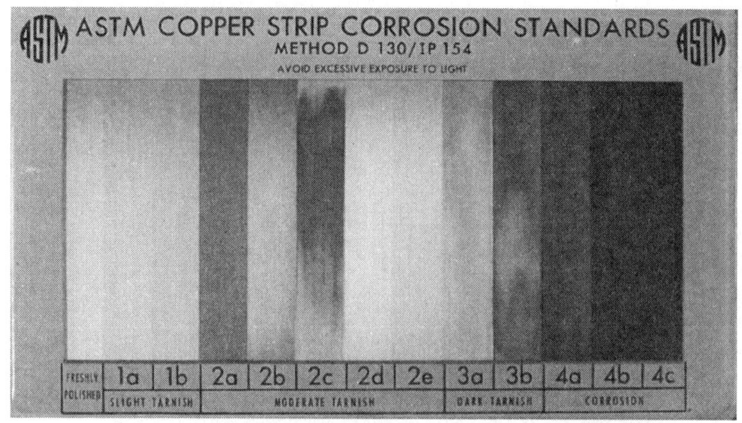

[그림 5-20] 동판 부식 표준색(ASTM D 130)

[표 5-9] 동판 부식 표준색의 분류표

변색 번호	변색 구분	변색 정도	변색 내용
1	1a 1b	약간 변색	엷은 오렌지색(연마 동판과 같은 색) 어두운 오렌지색
2	2a 2b 2c 2d 2e	중간 정도 변 색	핑크색 보라색의 엷은 핑크 오렌지색 위에 짙은 핑크 엷은 금색을 띄는 은색 황동색 및 금색
3	3a 3b	진한 변색	황동 위의 적갈색 붉은색과 녹색의 혼합색
4	4a 4b 4c	부 식	초록색 바탕의 청색 또는 흑색 흑연과 같은 흑색 또는 무광택 흑색 광택이 있는 흑색

1-11 색(colour, KS M 2011, 2029, 2106)

(1) 개요

석유 제품의 색은 원유의 종류, 제조 방법, 제조 공정 등에 따라 다르며 다양한 종류의 색이 있다. 휘발유나 경유 등은 무색에 가까우며, 파라핀계 윤활유는 담황색, 혼합 기유는 녹황색, 나프텐계는 황청색이나 정제의 정도에 따라 달라진다. 정제를 많이 할수록 석유 제품의 색은 무색에 가까워진다. 윤활유의 색은 비색계에 의하여 측정되며 일반적으로 Union, ASTM 및 Saybolt 색도계 등이 사용된다.

(2) Union 및 ASTM 색 시험 절차(KS M 2011, 2106)

Union과 ASTM 색도계는 윤활유, 연료유 또는 석유 왁스 등의 색을 측정하는 데 적용되며, Saybolt 색도계는 염료를 가하지 않은 휘발유와 항공용 휘발유, 등유와 같은 정제유 등의 무색에 가까운 오일의 색을 측정하는 데 사용된다.

① 시료의 운점(雲點)이 실온 이하일 경우 실온에서 측정하고, 실온 이상일 경우 운점보다 5.5℃를 넘지 않는 범위로 가열하여 측정한다.

② 색의 표준이 되는 증류수를 넣은 용기를 왼쪽, 시료 용기는 오른쪽에 놓고 덮개를 닫은 다음 빛을 비춘다.

③ 시료의 가장 가까운 표준색 유리 번호를 읽고 기록한다.

④ 색 번호가 8 이상인 경우 시료와 등유의 비를 15∶85로 혼합하여 측정한다.

⑤ 시료의 색은 표준색의 유리 번호로 표시한다. 단, 시료의 색이 표준색의 중간일 경우 검은색을 기준으로 하여 Union 색에서는 번호 뒤에 마이너스(−) 부호를, ASTM 색에서는 (L)의 부호를 색 부호 앞에 부기한다.

(3) Saybolt 색 시험 절차(KS M 2029)

① 시료가 불투명한 경우 여과한다.

② 시료로 시험관을 헹군다.

③ 시험관에 시료를 채운다.

④ 시료의 색이 디스크의 색보다 조금 더 어둡도록 디스크를 선정한다.

⑤ 시료의 수준을 낮추어 표준색과 동일하게 드레인 콕을 이용하여 조정한다.

⑥ 시료의 색과 표준색이 일치한 경우 Saybolt 색 번호를 찾는다.

1-12 산화 안정도(oxidation stability, KS M 2021)

(1) 개요

윤활유는 사용 중 공기 중의 산소와 접촉하여 발생되는 산화 작용으로 인하여 온도 변화 및 금속과의 접촉 등에 의해서 산화가 촉진된다. 이와 같은 화학 작용을 받은 윤활유는 산화, 열분해, 중합, 축합의 현상을 가져와 열화가 진행되어 기계의 원활한 작동을 저해하고 마모 및 부식의 결과를 가져오게 한다. 산화 안정도 시험은 윤활유의 산화에 대한 안정성을 확인하는 시험으로서 전산가의 증가, 점도비 및 래커도를 시험하여 품질을 평가한다.

(2) 시험 절차

① 시료 젓개 및 바니쉬 막대를 미리 크롬산 혼액에 2시간 이상 담그고, 물로 충분히 씻어 산을 제거한 후 증류수로 씻고 건조하여 사용한다.

② 시료 용기에 촉매를 잘 연마하여 붙이고, 시료 250㎖를 취하여 넣은 후, 바니쉬 막대

를 설치한다.

③ 시료 용기를 165.5℃로 유지된 항온 중탕(산화 안정도 시험기)에 넣고 젓개 날개를 바닥에서 10mm 위에 붙인다.

④ 시료의 온도가 규정 온도에 달한 후 1300rpm으로 규정 시간(24시간) 젓는다.

⑤ 교반이 끝난 후 바니쉬 막대에 흡착물을 확인하고 산화유에 대하여 점도 변화와 전산가 증가량을 시험한다.

(3) 계산

(가) 점도비 : 산화 전과 후의 40℃ 동점도를 계산한다.

$$점도비 = \frac{D_2 \,(산화\ 후의\ 동점도)}{D_1 \,(산화\ 전의\ 동점도)}$$

(나) 전산가 증가

$$전산가\ 증가 = 산화\ 후의\ 전산가 - 산화\ 전의\ 전산가$$

(다) 래커도 : 바니쉬 막대에 대한 래커 혹은 슬러지의 부착 상태

(부착되지 않음, 엷게 부착됨, 진하게 부착됨 등 3가지로 평가)

1-13 기포성(foaming characteristics, KS M 2025)

(1) 개요

윤활유의 기포 발생 정도를 평가하는 시험이며 순환 급유 장치에 사용되는 윤활유는 사용 과정에서 심한 교반 작용에 의하여 기포가 발생하는 경우가 많다. 기포가 발생되면 산화를 촉진시키고 윤활유 펌프와 송유 능력을 감소시키며 윤활면에 윤활유막의 생성을 방해하여 마찰면의 소손과 마모의 촉진 결과를 초래한다.

기포도(foaming tendency)란 규정 온도에서 5분간 공기를 불어넣은 직후의 거품량(ml)을 말하며 기포 안정도(foaming stability)란 기포도를 측정한 후 10분 후의 거품량(ml)이다.

(2) 시험 절차

① 시료 200ml를 49±3℃로 가열해 24±3℃로 방냉한 후 시료를 용기에 190㎖까지 채운다.

② 시료 용기에 diffuser stone(결정 알루미나 입자를 용융하여 만듬)을 시료 용기의 밑면에 삽입하고 5분간 3000~6000㎖/min의 공기를 불어넣은 후 기포량을 읽고 10분 후의 기포량을 읽는다.

1-14 황산회분(sulfated ash content, KS M 2006)

(1) 개요

시료를 태우고 나면 탄산 잔유물이 남는데 여기에 황산을 가하여 가열하면 황산회분이 남게 된다. 이 시험은 윤활유 중에 함유된 금속계 첨가제의 함량과 사용유 중에 함유된 마모분의 함량을 확인하는 시험이다.

(2) 시험 절차

① 전기로에 증발 접시를 넣고 850℃에서 15분간 가열한 후, 데시케이터에서 실온까지 방냉한다.

② 시료를 버너로 서서히 가열하여 회분과 탄소분만 남게 연소시킨다.

③ 증발 접시를 냉각시킨 후 황산을 첨가하여 황산 증기가 발생하지 않을 때까지 가열한다.

④ 시료를 완전히 연소시킨 후 상온으로 냉각시켜 묽은 황산(물:황산＝1:1)을 가한 다음 연소시켜 850℃에서 1시간 동안 유지 후 무게를 칭량하여 Wt.%로 나타낸다.

2. 그리스의 시험 방법

2-1 주도(cone penetration, KS M 2032)

(1) 개요

주도란 그리스의 굳은 정도를 측정하는 시험으로서 액체 상태인 윤활유에서의 점도와 개념이 같다. 그리스의 주도는 기유의 함량과 점도, 증주제의 첨가량과 종류 및 수분의 함유량에 따라 결정된다.

주도는 크게 혼화 주도 및 불혼화 주도로 분류된다. 혼화 주도는 혼화기에 시료를 채워 25℃를 유지한 후 60회 왕복 혼화한 직후에 측정하는 주도로 일반적인 주도를 말하며, 불혼화 주도는 시료를 가능한 한 혼화되지 않게 한 후 혼화기에 시료를 넣어 25℃에서 측정하는 주도이다.

(2) 시험 절차(혼화 주도)

① 혼화기에 그리스를 공기가 들어가지 않도록 주걱으로 가득 채운다.

② 혼화기를 항온 중탕에 25℃를 유지하도록 한다.

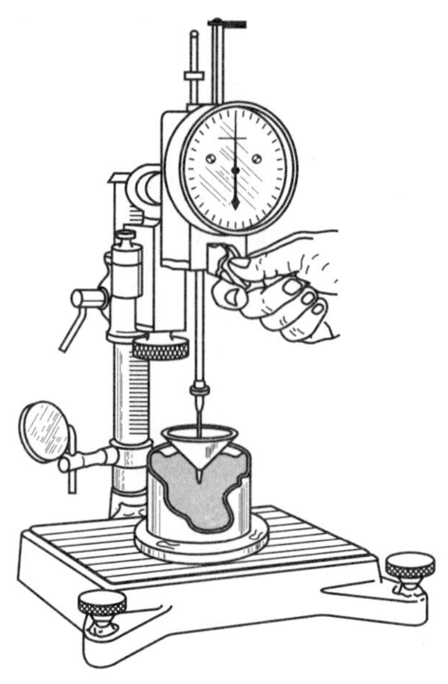

[그림 5-21] 주도계

③ 주걱으로 혼화기 상부를 수평이 되도록 그리스를 잘라낸다.

④ 주도 바늘을 눈금판의 0에 맞추고 혼화기에 원추를 낙하시켜 5초간 침투시킨다.

⑤ 침투한 깊이를 ㎜의 10배(예 : 주도 200인 그리스에 대한 침투 깊이는 20㎜임)로서 표시한다.

2-2 적점(dropping point, KS M 2033)

(1) 개요

적점은 반고체 상태에서 그리스가 액체 상태로 전환되는 최초의 온도로서 그리스의 내열성과 사용된 증주제의 종류를 확인하기 위하여 시험한다. 그리스의 적점은 정적인 상태(static condition)에서 시험하여 적점의 60%가 되는 온도를 최고 사용 온도로 간주하므로 그리스의 고온 윤활성과 관계가 있다. 예를 들면 적점이 100℃인 경우 안정 최고 사용 온도는 60℃까지이고, 순간 최고 사용 온도는 70℃까지가 된다.

(2) 시험 절차

① 그리스를 규정된 시료 용기(밑부분에 구멍이 뚫린 조그만 컵)에 가득 채운다.

② 시료 용기에 온도가 1~3℃씩 상승되도록 가열하여 그리스가 녹아 처음으로 방울이 되어 떨어질 때의 온도를 측정한다.

2-3 수분(water content, KS M 2035)

(1) 개요

그리스의 제조 과정에서 발생되며 수분이 함유되면 저온에서의 유동성을 저해하거나 주도를 변화시키고 윤활면에서의 내수성을 저하시켜 윤활 성능을 잃게 한다. 따라서 그리스에 함유된 수분 함량 정도를 파악하기 위한 시험이다.

(2) 시험 절차

① 시료 50g을 플라스크에 넣고 크실렌(xylene) 120㎖를 가하여 시험기를 연결한 후, 끓어 넘치지 않을 정도로 급속히 가열하여 증류한다.

② 유출액이 100ml가 되면 가열을 중지한다.

③ 실온으로 방냉한 후 유출된 수분의 양을 무게로 환산한다.

$$수분\ 함유량\ P = \frac{w}{W} \times 100(\%)$$

w : 유출한 물의 량(㎖ 또는 ㎎)

$\overline{W}$: 시료의 부피(㎖) 또는 무게(㎎)

2-4 회분(ash content, KS M 2034)

(1) 개요

회분 함량 시험은 그리스의 제조 과정에서 검화 시 사용된 금속염 등의 양에 의해 좌우되는데, 이것은 열화되었을 때 윤활 부위의 마찰을 증가시키므로 기계를 손상시키는 요인이 된다. 회분 시험에는 산화 회분 시험의 A법과 황산 회분 시험의 B법이 있다.

(2) 산화 회분법의 시험 절차

① 도가니를 850℃에서 약 15분간 유지 후 실온으로 항온시킨 다음 칭량한다.

② 도가니에 시료 2~5g을 0.01g의 단위로 무게를 단다.

③ 도가니를 가열하여 연소시킨 후 850℃에서 1시간 유지한 다음 항온시켜 무게를 칭량하여 Wt.%로 나타낸다.

(3) 황산 회분법의 시험 절차

그리스에 함유된 금속계 첨가제의 함량과 사용유의 마모분의 함량을 확인하는 시험이다.

① 도가니를 850℃에서 약 15분간 유지 후 실온으로 항온시킨 다음 칭량한다.

② 도가니에 시료를 2~5g을 0.01g의 단위로 무게를 단다.

③ 도가니를 가열하여 시료를 완전히 연소시킨 후 상온으로 냉각시켜 묽은 황산 (물:황산 = 1:1)을 가한 다음 연소시켜 850℃에서 1시간 동안 유지 후 무게를 측정하여 Wt.%로 나타낸다.

3. 기타 윤활 실험

3-1 윤활제의 마찰 실험

(1) 개요

(가) 두 물체가 접촉하였을 때 상대 운동에 저항하는 힘을 마찰력이라 하며 마찰을 감소시키는 작용을 윤활, 윤활을 목적으로 사용하는 물질을 윤활제라 한다.

(나) 마찰계수 μ의 값은 두 물체의 재질, 표면 거칠기, 윤활제의 유무, 주위 온도, 속도, 압력 등에 따라 변한다.

[그림 5-22] 마찰 미끄럼 시험대

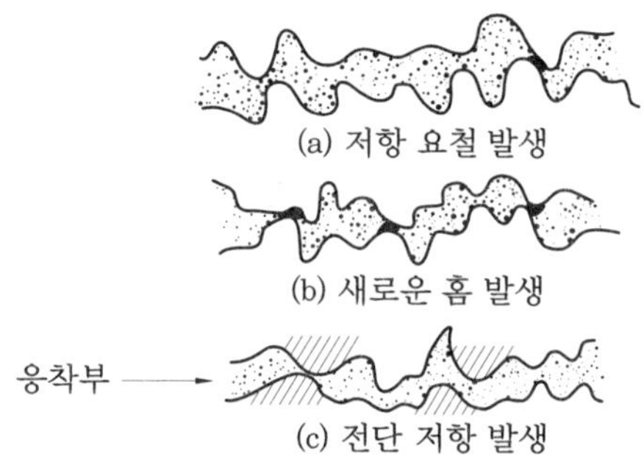

[그림 5-23] 마찰력 발생 모델

(2) 평행 상태에서의 마찰

마찰력 F는 항상 운동 방향과 반대 방향으로 발생하고, 법선력 N이 작용하므로 합력 R의 방향은 $\tan\theta = \dfrac{F}{N}$ 으로 표시된다.

마찰 계수 $\mu = \tan\theta$이므로 마찰력 $F = \mu N$

$$\Sigma F_X = 0 에서 \ +P - F = 0$$
$$P = F$$

$$\Sigma F_g = 0 \text{에서} \quad -W+N=0$$
$$N=W$$

그러므로 $F=\mu N = \mu W$

(3) 경사진 면에서의 마찰 평행 조건에서

$$\Sigma F_{y=0,} \quad N-W\cos\theta=0$$
$$N=W\cos\theta$$
$$F=\mu N=\mu W\cos\theta$$
$$\Sigma F_{X=0,} \quad P-F-W\sin\theta=0$$
$$P=F+W\sin\theta$$
$$=\mu W\cos\theta+W\sin\theta$$

그러므로 경사진 면에서 당기는 힘(추의 무게)

$$P=W(\mu W\cos\theta+\sin\theta)$$

$$\therefore \mu=\frac{P-W\sin\theta}{W\cos\theta}$$

P : 추의 무게

W : 실험 재료의 무게

θ : 경사각

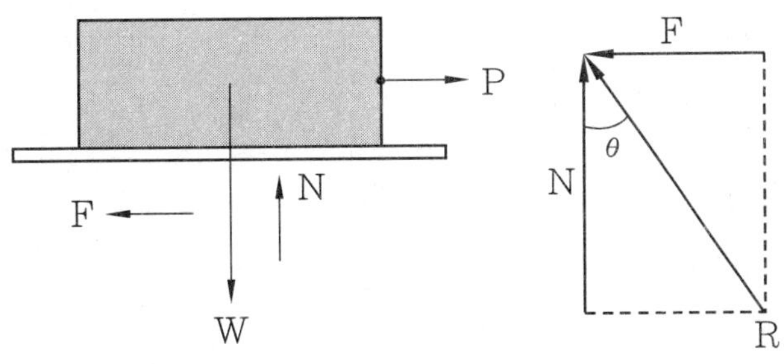

[그림 5-24] 평행 상태에서의 마찰

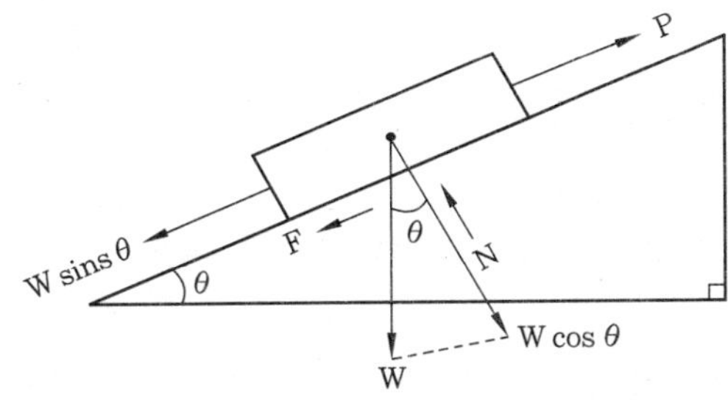

[그림 5-25] 경사진 면에서의 마찰

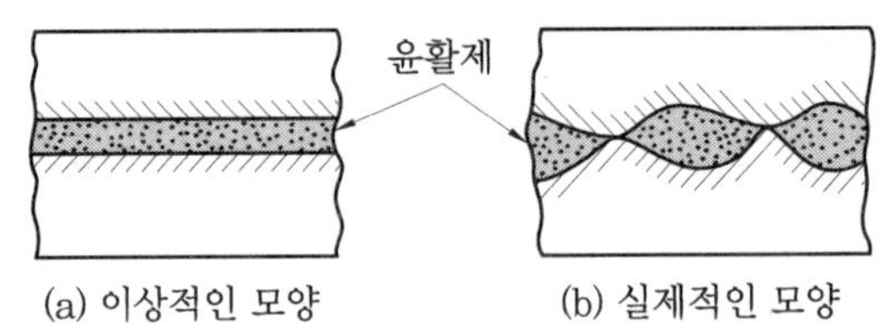

[그림 5-26] 윤활막의 모양

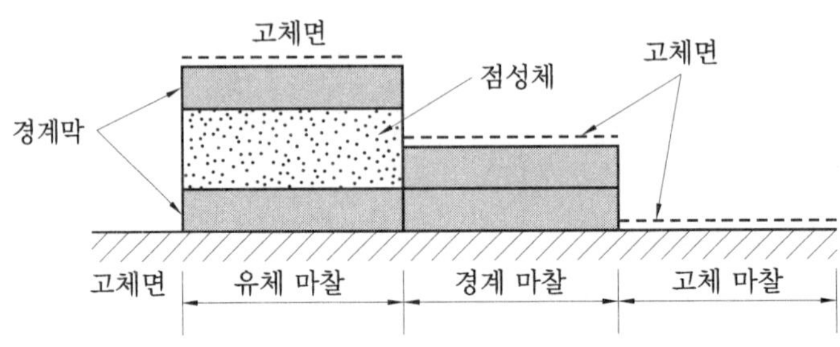

[그림 5-27] 마찰 상태

[표 5-11] 마찰 상태에 따른 마찰계수 μ값

마찰 상태	마찰계수(μ)
고　　체	0.25~0.40
경　　계	0.08~0.14
유　　체	0.01~0.05

(4) 마찰 실험

① 마찰 미끄럼 시험대를 수평으로 설치한다.

② 미끄럼판을 설치한다.

③ 실험 재료를 준비한다.

　• 주철과 주철, 주철과 청동, 주철과 고무

④ 윤활제를 준비한다.

　• 기계유, 그리스

⑤ 실험 추를 준비한다.

⑥ 마찰계수를 측정한다.

　• 미끄럼판의 각도를 0°, 6°, 12°로 변화시켜 고체 마찰과 유체 마찰 시의 마찰계수를 측정한다.

　• 시편이 움직일 때까지 추를 끼운다. 이때 움직이기 시작하는 순간의 마찰력이 최대 정지 마찰이며, 추의 무게를 P의 값으로 정한다.

[표 5-12] 마찰계수 μ의 측정값

구 분		시 편	0°	6°	12°
고체마찰		주 철+주 철			
		주 철+청 동			
		주 철+고 무			
유체마찰	기계유	주 철+주 철			
		주 철+청 동			
		주 철+고 무			
	그리스	주 철+주 철			
		주 철+청 동			
		주 철+고 무			

- 마찰 계수 측정

  - 평행 상태일 때 $P=F=\mu W$ $\therefore \mu=\dfrac{P}{W}$

  - 경사면일 때 $\mu=\dfrac{P-W\sin\theta}{W\cos\theta}$ 로 계산한다.

⑦ 실험 결과를 기록한다.

⑧ 보고서를 작성한다.

3-2 수동식 집중 윤활 실험

(1) 개요

집중 윤활 장치는 적당량의 윤활유와 오일을 일정 시간에 과부족 없이 급유점에 급유하는 장치로서 펌프, 분배 밸브, 배관 등으로 구성된다.

(2) 구성 요소

(가) 윤활 펌프

① 전동식 자동 윤활 펌프 : 기어식과 피스톤식이 있다.

② 수동식 윤활 펌프 : 급유구의 수가 적은 경우 또는 급유 간격이 긴 경우에 사용된다.

(나) 분배 밸브

배관을 여러 개로 나누어 주는 역할을 하며, 나사 부위는 보통 5/16″-24산으로 외경 4 mm의 파이프를 사용한다.

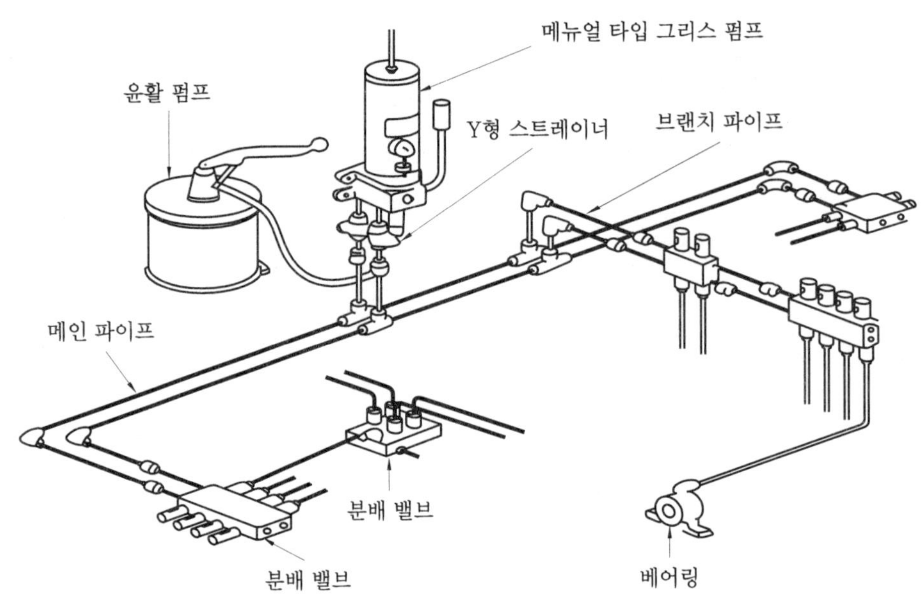

[그림 5-28] 수동식 집중 윤활 장치

(다) 배관 부품

① 어댑터(adapter)

배관을 기계에 접속하는 것으로서 이것과 결합은 압축 부싱(compression bushing), 압축 슬리브(compression sleeve) 및 압축 너트(compression nut)를 사용한다.

② 커넥터(connector)

플로 유닛 또는 컨트롤 유닛과 결합하도록 PT1/8″로 접속하며 직접 파이프로는 접속하지 않는다.

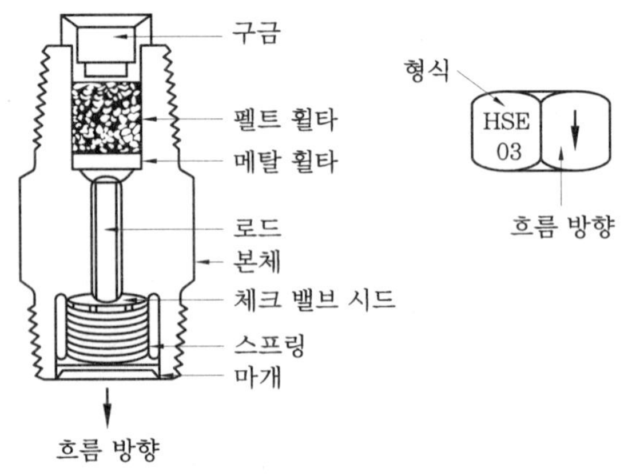

[그림 5-29] 플로 유닛

(라) 커플링(coupling)

2개의 관을 도중에 접속할 때 사용한다.

(마) 압축 피팅(compression fitting)

압축 부싱, 압축 너트, 압축 슬리브의 3종류가 있다.

(바) 튜브 인서트(tube insert)

나일론 튜브를 사용할 때 쓰인다.

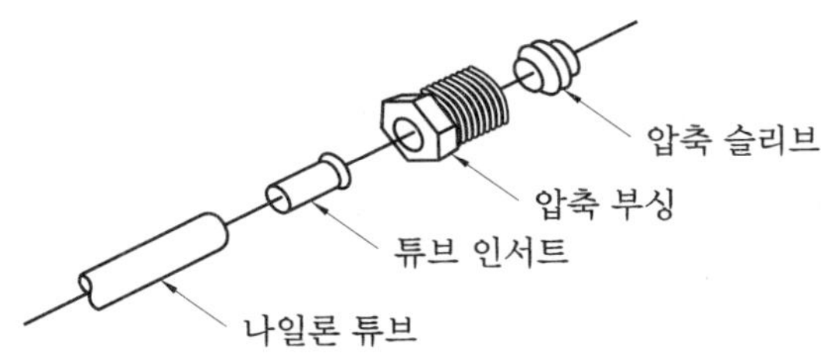

[그림 5-30] 튜브 인서트의 사용 예

(사) 클로저 플러그(closer plug)

배관을 분배하고 남은 곳을 막을 때 사용하며 보통 5/16″−24산의 나사로 되어 있다.

(아) 드라이브 부싱(drive bushing)

기계 본체에 PT1/8″나사를 사용할 수 없을 때 사용한다.

(자) 플렉시블 호스(flexible hose)

기계의 습동부 또는 유닛이 이동되는 곳에 사용하며, 길이는 보통 125~2,000㎜가 널리 사용된다.

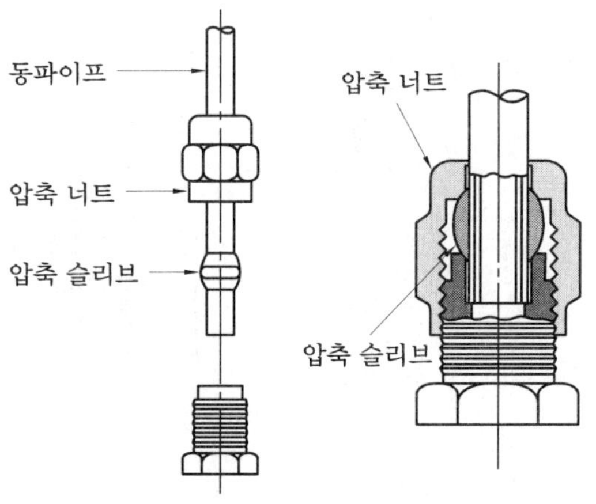

[그림 5-31] 압축 너트의 사용 예

(차) 배관

보통 외경 4mm의 동관, 알루미늄관, 나일론 튜브, 강관 등이 있다.

(카) 파이프 그립(pipe grip)

배관을 잡아 눌러 주는 철판을 말한다.

(3) 실험

(가) 준비

① 그리스를 준비한다.

② 연결 배관을 준비한다(바깥지름 4mm 동파이프).

③ 작동 원리를 익힌다.

(나) 작동 상태 점검

① 그리스 펌프를 수동으로 작동한다.

② 펌핑된 그리스는 분배 밸브를 통하여 각 분배구로 분배된다.

③ 그리스의 누유 상태를 점검한다.

(다) 분배구에 배관을 연결한다.

(라) 작동한다.

베어링이나 기타 윤활 개소에 배관을 연결하여 집중 급유한다.

(마) 반복한다.

(바) 보고서를 작성한다.

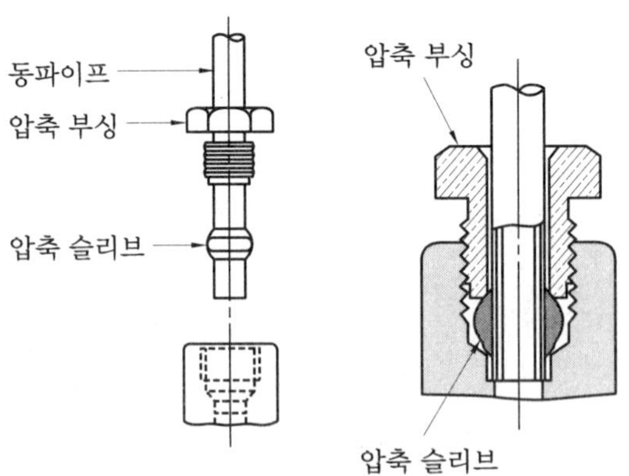

[그림 5-32] 압축 부싱의 사용 예

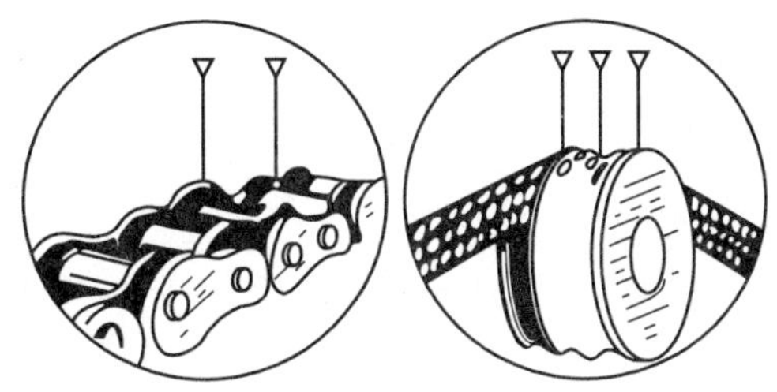

[그림 5-33] 윤활 개소

3-3 전동식 집중 윤활 실험

(3) 개요

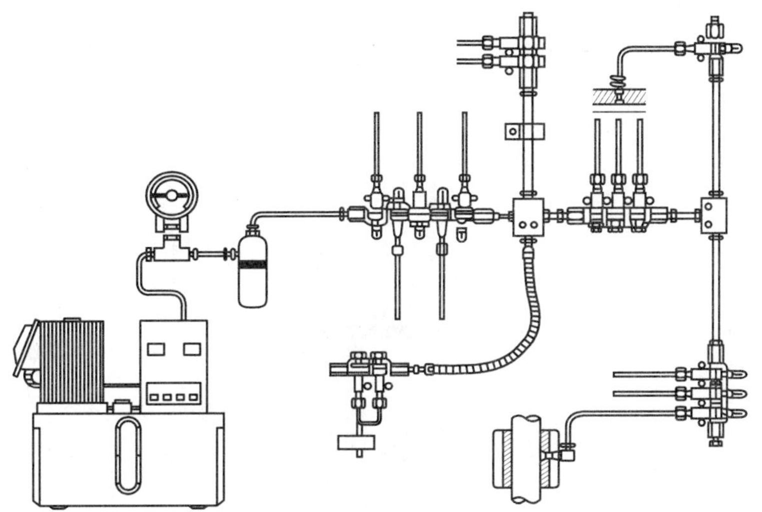

[그림 5-34] 전동식 집중 윤활 장치의 구조

[그림 5-35] 전동식 집중 윤활 장치

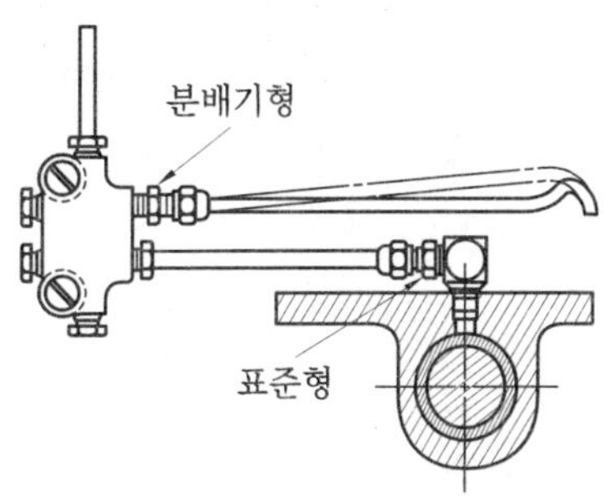

[그림 5-36] 플로 유닛 사용법

(가) 구동

전동 펌프를 타이머에 의한 자동 제어 방식

(나) 구조

그리스 급유 펌프, 모터, 플로 유닛, 솔레노이드 밸브, 분배 밸브, 압력계 등

(다) 특징

타이머 2개에 의한 자동 제어 방식으로, 펌프 기동 후 압력이 부족하면 타이머가 작동하여 경보 장치가 울리며 펌프가 정지한다.

(2) 분배 밸브

분배 밸브는 펌프로부터 배관을 통해 보내지는 윤활유를 각 급유관에 정량 급유하기 위한 밸브로서 급유 입구수는 1회의 급유량 및 급유 작동 방식에 따라 VS형 및 VW형으로 형식이 정해지며 작동은 [그림 5-37]과 같다.

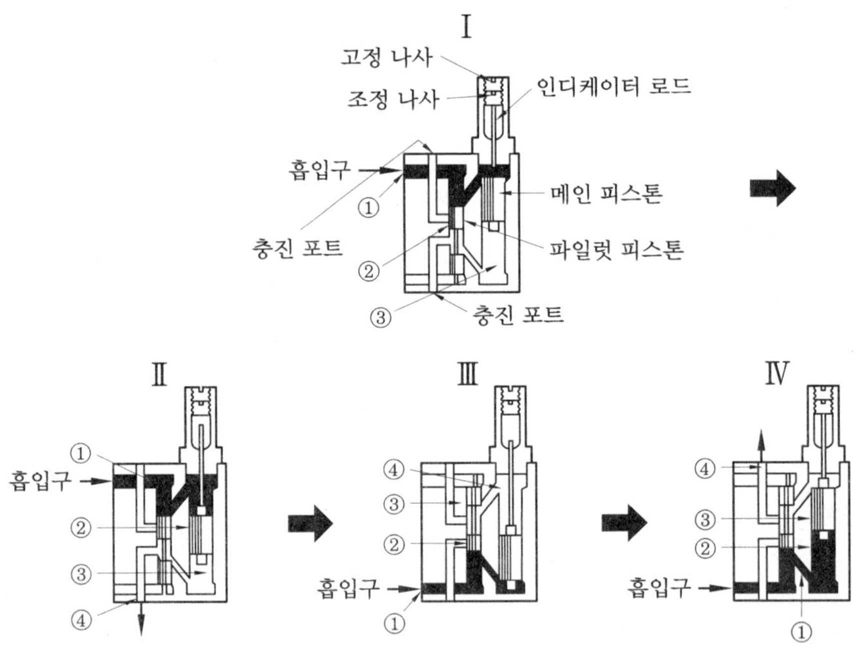

[그림 5-37] 분배 밸브의 작동

(가) 분배 밸브의 작동 I

① 고압의 윤활유가 흘러들어 간다.

② 파일럿 피스톤은 이 위치로 움직인다.

③ 이 안에는 전회(前回)의 작동에 의한 윤활유가 차 있다.

(나) 분배 밸브의 작동 Ⅱ

① 이 구멍을 통하여 윤활유가 주실(主室)로 들어간다.

② 주 피스톤은 유압에 의해 내려간다.

③ 주실 내의 윤활유가 압출(狎出)된다.

④ 윤활유는 이 구멍을 통하여 베어링에 급유된다. 급유는 피스톤의 행정이 끝날 때까지 계속된다.

(다) 분배 밸브의 작동 Ⅲ

① 다음 급유에서는 이 구멍을 통해(급유 주관으로부터) 윤활유가 들어온다.

② 파일럿 피스톤은 이 위치로 움직인다.

③ 이 위치에서 위쪽의 구멍은 닫혀진다.

④ 이 실에는 전회(前回)의 작동에 의한 윤활유가 차 있다.

(라) 분배 밸브의 작동 Ⅳ

① 급유 주관으로부터의 윤활유가 이 구멍을 통해 들어온다.

② 윤활유가 주실로 들어온다.

③ 피스톤이 위로 올라간다.

④ 피스톤 상부의 윤활유는 이 구멍을 통해 베어링에 공급된다.

(3) 집중 윤활 장치의 시스템 결정 순서

(가) 필요 유량의 계산

(직경, 길이, 폭의 단위는 cm)

AF. 안티프릭션 베어링
볼, 니들, 롤러 베어링
유량 Q = 0.04 × 직경 × 열수
(cc/h)　(계수)

P. 플레인 베어링
유량 Q = 0.023 × 회전축 직경 × 저널 길이
(cc/h)　(계수)

FW. 평면 슬라이드
a. 유량 Q = 0.0017 × 길이 × 폭
　　　　　　(수평 방향)
b. 유량 Q = 0.006 × 길이 × 폭
　　　　　　(수직 방향)
(cc/h)　(계수)

CW. 원통 슬라이드
유량 Q = 0.023 × 직경 × 길이
(cc/h)　(계수)

BW. 리니어 볼 베어링
유량 Q = 0.012 × 길이 × 열수
(cc/h)　(계수)

G. 기어
유량 Q = 0.046 × pitch 원 직경 × 기어의 폭
(cc/h)　(계수)

CA. 캠
유량 Q = 0.013 × 접촉 원주 × 폭
(cc/h)　(계수)

CH. 체인
유량 Q = 0.008 × 길이 × 폭
(cc/h)　(계수)

[그림 5-38] 급유 개소의 유량 계산

① 각 급유 개소의 필요 유량은 [그림 5-38]와 같이 1시간당 필요량으로 계산한다.

② [그림 5-39]에서 필요 유량의 계산 방식의 계수는 일반적으로 120rpm으로 속도 증가율의 10배에 대하여 유량을 2배 증가시킨다. 단, 필요 유량에 있어서는 마찰면의 재질, 표면 거칠기 정도, 운전 조건(속도, 회전수, 하중, 운전 및 주위 온도, 주위 환경 등)과 윤활제의 종류, 시일의 상태 등에 따라 좌우되며, 급유 개소의 제 조건에 따라 계산치를 조정해서 사용한다.

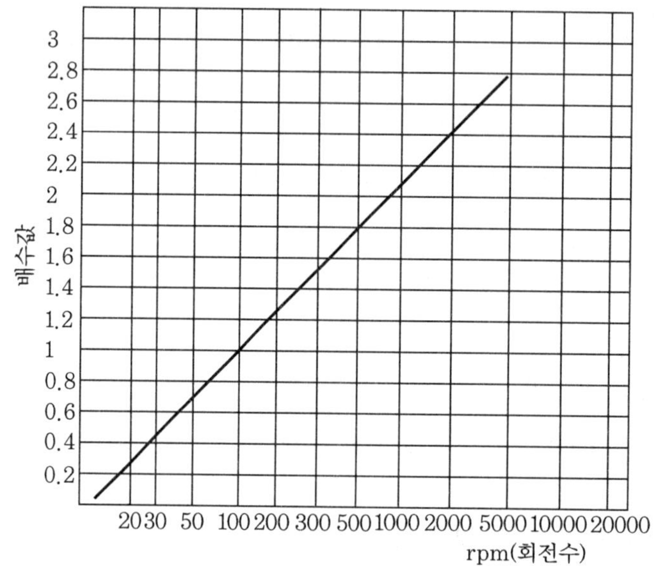

[그림 5-39] 회전수와 배수치의 관계

(나) 플로 유닛의 선정

각 플로 유닛의 번호에 따라 유량정수(ϕ)를 정하고 그 합계 ϕT로부터 윤활 펌프를 선정한다.

[표 5-13] 유량정수(ϕ)값의 승수

플로 유닛 번호	유 량 정 수	승 수	
03	1.2	0.5	
02	2.5	1	
0	5	2	
1	10	3	4
2	20	4	8
3	40	16	
4	80	32	
5	160	64	

(다) 윤활 펌프의 선정

① ϕT로부터 최소 필요 토출량(cc/shot)은 [표 5-14]에서 구할 수 있다.

② 선택된 윤활 펌프가 5.5cc/shot 이상을 필요로 할 경우 기어 펌프를 사용한다.

[표 5-14] 시스템의 ϕT 최대 허용치(간헐식)

펌프 유닛 수량	펌프 토출량(cc/shot)									
	0.25	0.5	1	2	3	4	5	10	15	20
5	100	150	250	450	700	800				
10	68	115	180	320	560	680	750			
15	56	96	150	255	450	570	640			
20	48	82	128	225	360	480	550	2,900	3,500	
25	40	68	108	180	320	400	470	2,200	2,600	3,400
30	36	58	90	155	280	330	400	1,700	2,000	2,500
40		48	65	120	215	250	290	1,400	1,700	2,100
50			60	94	155	185	215	1,100	1,300	1,600
60				72	84	135	160	950	1,100	1,400
70						84	125	810	960	1,200
80							96	740	860	1,100
90								670	800	1,000
100								630	750	920
125								600	700	860
150								530	640	780
175								500	600	720
200								475	580	600

(4) 실험

(가) 준비

① 윤활유를 준비한다.

② 각부 구조와 명칭을 익힌다.

(나) 윤활유 충진

① 윤활유 충진 장치를 윤활유통에 넣은 후 충진 니플을 윤활유 펌프에 연결한다.

② 윤활유 충진 장치의 핸들을 잡고 펌핑을 하면 윤활유가 펌프의 내부통으로 충진된다.

③ 충진이 완료되면 충진 장치를 떼어내고 니플 구멍을 막는다.

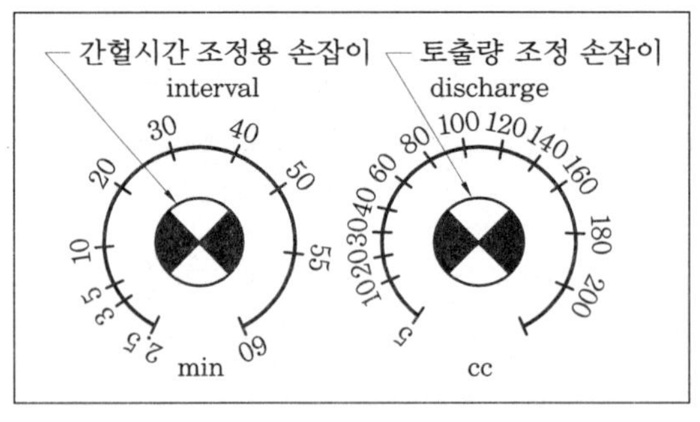

[그림 5-40] 윤활 펌프의 토출 유량 조정 나사

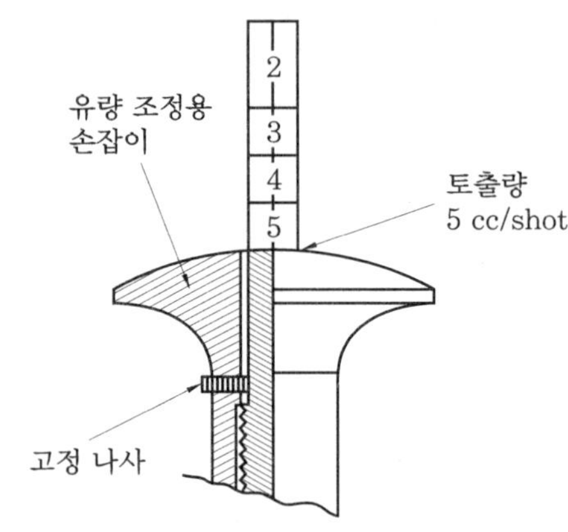

[그림 5-41] 타이머의 조정

(다) 작동

① 전기 콘센트를 전원 220V에 연결한 후 전원 스위치를 ON한다.

② 펌프의 전기 회로에 설치된 스위치를 on 시킨다.

③ 전기 회로가 on되면 타이머에 의해 설정된 시간 동안 펌핑(pumping) 작업이 진행된다.

④ 펌핑 시간을 조절할 경우는 펌핑 타이머(pumping timer)의 볼륨을 조정하여 시간을 조절하면 된다.

⑤ 펌핑된 윤활유가 유압 솔레노이드 밸브(solenoid valve)를 통해 흘러간다.

⑥ 솔레노이드 밸브를 통과한 윤활유가 분배 밸브를 통해 분배구(port)로 분배된다.

⑦ 윤활유의 분배 방향을 조절할 경우는 윤활유 분배 타이머의 볼륨을 돌려 시간을 조절하면 된다.

(라) 집중 급유

① 필요 유량을 계산한다.

② 플로 유닛을 선정한다.

③ 윤활 펌프를 선정한다.

④ 분배된 윤활유를 베어링이나 기타 윤활 개소에 연결하여 정기적으로 정량 공급한다.

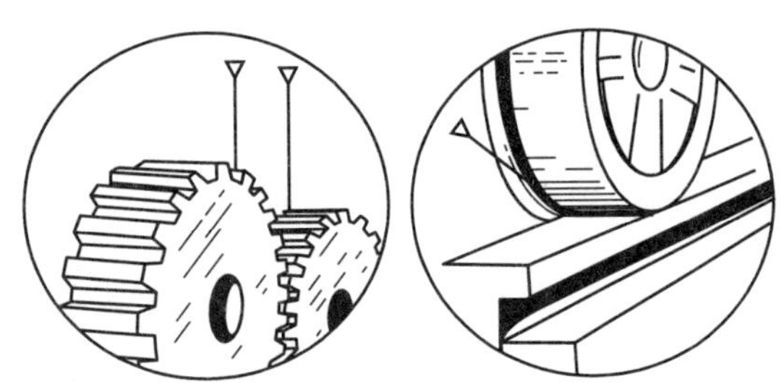

[그림 5-42] 윤활 개소

(마) 윤활 시스템의 테이터 표를 작성한다.

(바) 정리 정돈한다.

(사) 보고서를 작성한다.

[표 5-15] 윤활 시스템의 데이터 표

■ 윤활 개소 약어	■ 윤활 방식	■ 윤활 펌프 사양	
AF—antifriction bearing	□ 간헐급유	형 식	설 정
P—plain bearing(metal)	□ 간헐급유	No.	토출량 □ cc/hour
FW—flat slide way 평면 slide (수평/수직)	□ 수 동 식	전동기	□ cc/shot
CW—cylinder slide way	□ 자 동 식	전 압 : V	토출압력 □ kg/cm^2
BW—boll roller bearing slide way	■ 사 용 유	출 력 : W	
G—gear	유 종 명	상 수 : ϕ	
CA—cam	사용점도 { cSt(40℃)	주파수 : Hz 유압원 압력 kg/cm^2	
CH—chain	cSt(100℃)	콘덴서 : μF	

윤활 개소			계 수	치 수(cm)			계 산 치	Flow Unit				
			1	2	3	4	5	6	7	8	9	10
번 호	목적 개소 명칭	AF	0.04	베어링 직경	열 수	회전수 (rpm) 또는 행 정 (stroke/min)	필요 유량 (cc/hour)	유량비	플로 유닛 번호	승 수	유량정수 (ϕ치)	실급유량 (cc/hour)
		P	0.023	회전수 직경	축방향 길이							
		FW	0.0017 / 0.006	폭	길 이							
		CW	0.023	축직경	축방향 길이							
		BW	0.012	습동방향 길 이	열 수							
		G	0.046	피치 직경	치 폭							
		CA	0.013	접촉원주	폭							
		CH	0.008	길 이	폭							
									합 계	ϕT	FT

핵 심 문 제

1. 윤활유 시험법의 종류를 기술하시오.

2. 비중에 겉보기 비중과 참비중에 대하여 설명하시오.

3. 동점도 측정법에 대하여 간단히 기술하시오.

4. 점도지수에 대하여 기술하시오.

5. 인화점 시험의 주요 목적은 무엇인가?

6. 윤활유의 열화와 전산가의 관계를 설명하시오.

7. 그리스의 주도 시험법에 대하여 간단히 설명하시오.

연 습 문 제

1. 유윤활에 비하여 그리스 윤활의 장점이 아닌 것은?

① 냉각 작용이 적다.   ② 급유 간격이 길다.
③ 누설이 적다.   ④ 밀봉성과 먼지 등의 침입이 적다.

2. 다음은 윤활제의 종류를 열거한 것이다. 이 중 점도가 가장 높은 것은?

① 스핀들유   ② 유압 작동유   ③ 그리스   ④ 기어유

3. 인화점 측정 시 윤활유를 측정하는 방법은?

① 태그 밀폐식   ② 클리블랜드 개방식
③ 펜스키 마텐스식   ④ 드롭 방식

4. 시료 1g 중에 함유된 전산성 성분을 중화하는 데 소요되는 KOH의 mg 수를 무엇이라 하는가?

① 전산가   ② 알카리가   ③ 주도   ④ 적하점

5. 그리스를 가열했을 때 반고체 상태의 그리스가 액체 상태로 되어 떨어지는 최초의 온도를 무엇이라 하는가?

① 산화 안정점   ② 적하점   ③ 적수점   ④ 침투점

정 답 | 1.①   2.③   3.②   4.①   5.②

6. 윤활유의 점도에 해당하는 것으로 그리스의 굳은 정도를 나타내는 성질은?

① 중화가　　　　② 황산회분　　　　③ 산화 안정도　　　　④ 주도

7. 그리스의 내열성을 평가하는 기준이 되는 것은?

① 전산가　　　　② 알칼리가　　　　③ 산화 안정도　　　　④ 적하점

8. 그리스의 내열성을 평가하고 그리스의 사용 온도를 결정하는 성질로서 반고체 상태의 그리스를 가열하여 액체 상태로 되어 떨어지는 최초의 온도를 측정하는 것은?

① 적하점　　　　② 주도　　　　③ 이유도　　　　④ 혼화 안정도

9. 그리스를 장기간 저장할 경우 또는 사용 중에 기름이 분리되는 현상은?

① 안정도　　　　② 이유도　　　　③ 중화도　　　　④ 주도

10. 다음 중 그리스의 전단 안정성, 즉 기계적 안정성을 평가하는 방법은?

① 산화 안정도　　　　② 이유도　　　　③ 혼화 안정도　　　　④ 주도

11. 윤활유의 열화 판정 시 연료유의 혼입 유무를 알아보기 위한 시험 방법은?

① 인화점 시험　　　　② 점도 시험　　　　③ 유동점 시험　　　　④ 비중 시험

12. 비중 측정에서 API도를 바르게 나타낸 것은?

$$① \quad \frac{141.5}{\text{비중}(60^\circ F/60^\circ F)} - 131.5 \qquad\qquad ② \quad \frac{141.5}{\text{비중}(60^\circ F/60^\circ F)} + 131.5$$

$$③ \quad \frac{141.5}{\text{비중}(15^\circ F/60^\circ F)} - 131.5 \qquad\qquad ④ \quad \frac{141.5}{\text{비중}(15^\circ F/15^\circ F)} + 131.5$$

13. 시료 1g 중에 함유되어 있는 모든 성분을 중화하는 데 필요한 KOH의 mg 수를 표시하는 시험법은?

① 전산가　　　　② 전알칼리가　　　　③ 산화 안정도　　　　④ 검화가

14. 유동점 시험 시 온도 측정은 몇 ℃마다 내려갈 때 꺼내서 유동 상태를 확인하는가?

① 1℃　　　　② 2℃　　　　③ 2.5℃　　　　④ 5℃

정 답 │　6. ④　7. ④　8. ①　9. ②　10. ③　11. ①　12. ①　13. ①　14. ③

15. 동판 부식 시험에서 어두운 오렌지색으로 나타난 경우 동판 부식 표준색(ASTM)의 변색 구분 번호는?

① 1a   ② 1b   ③ 2a   ④ 2b

16. 반고체 상태에서 그리스가 액체 상태로 전환되는 최초의 온도로서 그리스의 내열성과 사용된 증주제의 종류를 확인하기 위한 시험법은?

① 주도   ② 적점   ③ 인화점   ④ 내열도

17. 그리스의 내열성을 평가하는 기준이 되는 시험 방법은?

① 전알칼리가   ② 전산가   ③ 중화가   ④ 적하점

18. 연료유의 혼입 유무를 알아보기 위한 윤활유의 열화 판정 시험 방법?

① 인화점   ② 비중   ③ 유동점   ④ 점도

19. 윤활유의 시험 중 인화점 측정에 널리 사용되는 방식은?

① 태그 밀폐식
② 클리블랜드 개방식
③ 펜스키마텐식
④ 케넌펜스케식

20. 그리스의 사용 온도를 결정하는 성질로서 그리스를 가열하여 액체 상태에서 떨어지는 최초의 온도를 측정하는 그리스 시험법은?

① 혼화 안정도   ② 주도   ③ 점도   ④ 적하점

정 답 ┃ 15. ② 16. ② 17. ④ 18. ① 19. ② 20. ④

제 6 장
현장의 윤활 관리

1. 압축기의 윤활 관리

1-1 공기 압축기

공기 압축기는 구조, 토출 압력, 토출량, 급유 방식 등에 따라 여러 가지 형식이 있으며, 구조로서 왕복식, 회전식 및 원심 축류식으로 분류된다. 일반적으로 압력이 $1kg_f/cm^2$ 이상을 압축기, 그 이하를 송풍기라 구별한다.

공기 압축기의 윤활유는 윤활 개소에 따라 내부 윤활과 외부 윤활로 분류되며, 일반적으로 널리 사용되는 왕복식 압축기($10kg_f/cm^2$ 이하)의 내부 윤활유의 동점도는 ISO VG 68 터빈유가 널리 사용된다.

(1) 압축기의 내부 윤활유

왕복동 공기 압축기에서는 실린더 라이너와 피스톤 링의 윤활을 주체로 하여 감마 작용, 압축 가스의 밀봉 작용 및 각 부분의 방청 작용을 한다. 회전형 공기 압축기에서는 로터와 베인 끝단 마찰 부분의 윤활 작용을 하지만 터보형 공기 압축기는 내부 윤활이 필요 없다.

(가) 공기 압축기의 윤활 트러블 원인

① 드레인 : 드레인 트랩의 작동 불량

② 탄소 : 탄소의 부착, 발화 등

③ 마모 : 실린더, 피스턴 링의 마모

④ 발열 : 이상 발열은 압축기 고장의 27%

(나) 내부 윤활유의 요구 성능

① 적정 점도 ② 열, 산화 안정성 양호

③ 연질의 생성 탄소 ④ 부식 방지성 양호

⑤ 금속 표면에 대한 부착성 양호

(다) 내부 윤활유의 적정 점도

압축 기유를 선정할 때 유의해야 할 것은 적정 점도이다. 압축기의 점도는 압력에 의한 영향이 매우 크며, 각부의 윤활은 내연 기관과 비슷하다. 적정 점도는 실린더의 온도, 압력, 회전수, 실린더의 직경, 행정, 길이 등에 의해서 결정되지만, 압축기 회사는 기종별 운동 조건별로 점도 및 급유량을 정하고 있다.

[표 6-1] 압축기의 적정 점도

종류				윤활 개소	윤활 방법	동점도[cSt] (40℃)
터보형	축류식 원심식			베어링 기어를 포함하는 경우도 있다.	순환 또는 오일링	28~106
용적형	공기압축기	왕복식	1~2단 10kg/㎠ 이하	실린더	강제 비말	55~95
				베어링	순환 비말	55~95
			다단 10kg/㎠ 이상	실린더	강제 비말	87.5~200
				베어링	순환 비말	55~106
		회전식	루스형	기어	유욕 비말	55~106
				실린더, 베어링	순환	55~106
			벤형	실린더, 베어링	〃	27~73
			스크류형	실린더, 베어링	〃	27~73
		원심 축류식	모터 직결식	베어링	강제 순환	27~73
			기어 증속식	기어 베어링	〃	55~106
	고압가스압축기	왕복식	20kg/㎠ 이하	실린더	강제	87.5~200
				베어링	강제 순환	55~106
			250~700kg/㎠	실린더	강제	130~400
				베어링	강제 순환	55~106
			700kg/㎠ 이상	실린더	강제	200~500
				베어링	강제 순환	55~106
	송풍기	회전식	루스형	기어	유욕 비말	55~106
				실린더 베어링	순환	28~95
			벤형	실린더 베어링	〃	28~73
		원심	축류형	베어링	〃	28~73

[표 6-2] 압축기의 출력과 점도

압축기 출력(kW)	점도(SAE No.)
11 이하	20W
12~300	20
300 이상	30

[표 6-3] 압축기의 압력과 점도

최종 압력(kg_f/cm^2)	40℃ 동점도(cSt)
5 이하	33~37
8 이하	45~65
70 이하	75~150

(2) 압축기의 외부 윤활유

외부 윤활유는 실린더 이외의 윤활 개소, 예를 들면 왕복 동형 압축기에서는 크로스헤드 또는 크랭크의 윤활, 회전형에서는 베어링이나 구동 기어의 윤활은 외부 윤활이 된다.

(가) 외부 윤활유의 요구 성능

① 적정 점도 　　　② 높은 점도 지수 　　　③ 산화 안정성이 우수

④ 양호한 수분성 　　⑤ 방청성, 소포성 　　　⑥ 유동성이 낮을 것

공기 압축기의 외부 윤활유와 내연 기관용 윤활유의 차이점은 청전 분산성이 크게 요구되지 않으며, 점도는 대부분 내부 윤활유와 동일 점도를 사용한다.

(나) 압축기의 보수 관리

① 적유 선정 　　　　　　② 적정 급유량

③ 공기 흡입구의 관리 　　④ 필터, 흡입관의 관리

⑤ 실린더의 냉각 상태 　　⑥ 압축비

⑦ 토출 밸브와 토출관의 점검 　⑧ 각 단의 중간 트레인

⑨ 유 분리기와 냉각기의 점검 등

1-2 고압 가스 압축기

공기 이외의 가스 압축기는 압축성과 대상 압축 가스의 종류에 따른 내부 윤활유 선정이 중요하므로 압축 가스의 반응성과 가스에 의한 윤활유의 희석에 주의해야 한다.

(1) 반응성 가스

산소, 염소 가스 등과 같이 탄화수소와의 반응성이 큰 가스에는 윤활유의 사용은 불가능하므로 물이나 농류산 글리세린이 사용된다.

(2) 희석성 가스

메탄, 에탄, LPG, LNG와 같이 윤활유에 희석성이 있는 것과 헬륨과 같이 압축 온도가 높은 것에 대해서는 비교적 점도가 높은 압축 기유를 사용한다.

(3) 불활성 가스

질소, 수소, 아르곤 등 윤활유와 반응성, 희석성이 없는 것에 대해서는 저점도유가 사용되지만 밀봉 효과를 기대할 때에는 고점도유를 사용한다.

(4) 산성 가스

아황산 가스, 탄산 가스 등과 같은 산성 가스의 압축기유는 중화 능력을 가진 윤활유가 사용된다.

(5) 합성 화학용 가스

합성 화학용 촉매를 사용하는 경우 황이 적게 함유된 윤활유를 사용한다.

1-3 압축기유의 관리

왕복동 압축기의 분해 점검은 일반적으로 매 2년마다 실시하며, 압축기유에 사용되는 윤활유의 교환은 정기적으로 사용유를 분석하여 그 결과를 토대로 교환한다. 압축기유에 전용 윤활유를 사용하는 경우에는 운전 개시 초기는 500시간 만에 행하고 그 이후는 1,000시간마다 실시한다. 일반적으로 유분석으로 점검하는 항목은 전산가(TAN), 동점도 및 수분에 대해서 분석하고 종합적으로 판단한다.

[표 6-4] 압축기유의 관리 항목

항 목	관 리 기 준 값
전 산 가 동 점 도 수 분	0.5mg/KOH/g 이하 요주의 → 0.3mg/KOH/g 이상 @ 40℃±10% 이내 0.1~1% 이하

2. 베어링의 윤활 관리

2-1 베어링 윤활의 개요

베어링의 윤활 목적은 베어링 내부의 마찰 및 마모를 방지하고 항상 정확히 회전을 유지하기 위하여 적절한 윤활제와 윤활 방법을 선택하는 것이 중요하다.

(1) 베어링 윤활의 목적

(가) 마찰 및 마모의 감소

(나) 피로 수명의 연장

베어링의 구름 피로 수명은 회전 중의 구름 접촉면이 충분히 윤활되어 있을 경우에는 길어진다. 반대로 오일의 점도가 낮고, 윤활유막의 두께가 불충분한 경우에는 짧아진다.

(다) 마찰열의 방출, 냉각

(라) 베어링 내부에 이물질의 침입 방지

(2) 윤활유와 그리스와의 비교

베어링의 윤활법은 윤활유 윤활과 그리스 윤활로 분류되며, 베어링의 충분한 기능 발휘를 위해서는 그 사용 조건, 사용 목적에 보다 적합한 윤활법을 사용하는 것이 우선이다. 윤활을 생각하면 윤활유 윤활이 우수하지만, 그리스 윤활은 베어링 주변의 구조를 간략화할 수 있는 장점이 있다.

[표 6-5] 윤활유 윤활과 그리스 윤활의 특징

SAE 점도 등급	윤활유 윤활	그리이스 윤활
회전 속도	저, 중, 고속	저, 중, 고속
회전 저항	작음	비교적 큼
냉각 효과	큼	작음
누설	큼	작음
밀봉 장치	복잡	간단
순환 급유	간단	곤란
먼지 통과	간단	곤란

2-2 베어링의 유윤활

(1) 베어링유의 선정

베어링의 윤활유는 내하중 성능이 높고 산화 안정성이 좋으며, 방청 성능이 좋은 정제 광유 또는 합성유가 사용된다. 베어링유를 선정할 때 운전 온도에 적정한 점도가 되는 오일의 선정이 우선 중요하다. 점도가 너무 낮으면 유막 형성이 불충분해지고, 이상 마모, 타붙음의 원인이 된다. 반대로 점도가 너무 높으면 점성 저항에 의해 발열하거나 동력 손실을 크게 하며, 유막의 형성에는 베어링의 회전 속도나 하중도 영향을 미친다.

일반적으로 회전 속도가 빠를수록 저점도유를 사용하고, 하중이 커질수록 또는 베어링이 대형이 될수록 고점도의 윤활유를 사용한다.

(가) 베어링을 윤활 시 고려 사항

① 적정 점도

② 운전 속도

③ 하중

④ 운전 온도

⑤ 급유 방법

(나) 베어링유의 요구 특성

① 산화 안정성

② 방식 및 내부식성

③ 내열성

④ 저유동성

⑤ 소포성

(다) 베어링 형식과 윤활유의 필요 점도

오일의 교환 주기는 일반적으로 운전 온도가 50℃ 이하에서 양호한 환경인 경우 1년에 1번 정도 교환한다. 그러나 온도가 100℃ 정도 되는 경우에는 3개월마다 또는 그 이내에 교환하도록 한다. 또한 수분의 침입이 있는 경우나 오일 급유 윤활에서 이물질의 침입이 있는 경우에는 더욱 더 교환 주기를 짧게 할 필요가 있다.

[표 6-6] 미끄럼 베어링의 적유표

경 하 중 미 끄 럼 베 어 링		
회전수 (RPM) / 조건	경하중 중하중 (최고 30kg/㎠ 정도)	
	운전 온도 (60℃ 이하)	
	급 유 방 법	적 유 (cSt @ 40℃)
50 이하	순환, 유욕, 컬러, 버킷 링, 체인 적하, 손주유	145~210 145~250
50~100	순환, 유욕, 컬러, 링, 체인 적하, 손급유	110~160 110~220
100~500	순환, 유욕, 컬러, 링, 체인 적하, 체인	65~95 65~120
500~1000	순환, 유욕, 링, 적하, 손 급유	60~80 60~90
1000~3000	순환, 유욕, 링, 적하, 분무	30~60
3000~5000	순환, 유욕, 링, 분무	18~35
5000 이상	순환, 분무	15~22

[표 6-7] 미끄럼 베어링의 윤활유 동점도(ISO VG) 선정표

운전 속도 (m/min)	운전 온도		
	0~30℃	30~60℃	60℃ 이상
60 이하	46	220	1000
60~150	46	220	460
150~305	32	100	220
305~760	22	46	220
760 이상	10	32	100

[표 6-8] 구름 베어링의 적유표

운전 온도 (℃)	속 도 지 수 (dn값)	적 유(cSt @ 40℃)		ISO VG
		보통 하중	중하중 또는 충격 하중	
−10~0	전 종 류	18~35	30~60	22, 32, 46
0~60	15,000 이하	40~70	85~120	46, 100
	15,000~80,000	30~55	55~80	32, 46, 68
	80,000~150,000	18~35	30~45	22, 32
	150,000~500,000	95~12	18~35	10, 22
60~100	15,000 이상	110~165	180~260	100, 220
	15,000~80,000	85~120	110~160	100, 100
	80,000~150,000	50~70	80~160	46, 100
	500,000	30~40	50~70	22, 32, 46
100~150	전 종 류	240~430		220, 320
0~60	자동 조심	35~70		46
60~100	구름 베어링	105~165		100, 150

[표 6-9] 베어링용 윤활유의 KS 규격 (KS M 2114)

항 목 종류(점도 등수)	동점도 cSt [$mm^{2/8}$] 40℃	점도 지수(VI)	인화점 [℃]	유동점 [℃]	동판 부식 [100℃ 3h]	방청 성능 [증류수 24h]
ISO VG 2	1.99 이상 2.42 이하	−	80 이상	−7.5 이하		
ISO VG 3	2.88 이상 3.52 이하	−	〃	〃		
ISO VG 5	4.24 이상 5.06 이하	−	〃	〃		
ISO VG 7	6.12 이상 7.48 이하	−	30 이상	〃		
ISO VG 10	9.00 이상 11.0 이하 13.5 이상	80 이상	130 이상	−5 이하	1 이하	합 격

ISO VG 15	16.5 이하				
ISO VG 22	19.8 이상 24.2 이하	〃	〃	〃	
ISO VG 32	28.8 이상 35.2 이하	90 이상	〃	〃	
ISO VG 46	41.4 이상 50.6 이하	〃	180 이상	〃	
ISO VG 68	61.2 이상 74.8 이하	〃	〃	〃	
ISO VG 100	90.0 이상 110 이하	〃	200 이상	〃	
ISO VG 150	135 이상 165 이하	〃	〃	〃	
ISO VG 220	198 이상 242 이하	〃	〃	〃	
ISO VG 320	288 이상 352 이하	〃	〃	〃	
ISO VG 460	414 이상 506 이하	〃	〃	〃	
VG 56	50.6 초과 61.2 미만	〃	180 이상		
VG 83	74.8 초과 90.0 미만	〃	〃		
VG 120	110 초과 135 미만	〃	200 이상		

(2) 미끄럼 베어링의 급유법과 급유량

(가) 급유법

① 전손식

적하 급유 및 원심 급유 등에 사용되며, 적은 급유량으로 운전 속도가 낮을 때 사용된다.

② 유욕식

링 급유, 체인 급유, 컬러 급유, 비말 급유 등에 사용된다.

③ 순환식

베어링의 온도가 상승한 경우 냉각시키기 위하여 사용된다.

[표 6-10] 미끄럼 베어링의 급유법

급 유 법	적정 윤활유	Shell 윤활유
유욕 급유 비말 급유 순환 급유	높은 정제도의 고급 윤활유	Tellus Oil, Turbo Oil T, Tonna Oil T 등
전손식 급유	보통 정제도의 윤활유	Vitrea Oil 등

(나) 급유량

급유량은 축과 베어링 사이에 유막을 형성하는 데 충분한 유량이면 되므로 미끄럼 베어링에 필요한 유량의 실험식은 다음과 같다.

급유량 $Q = 0.001d^2LK$

여기서, Q : 급유량(ml/h)

　　　 d : 축의 직경(cm)

　　　 L : 베어링 폭(cm)

　　　 K : 회전수에 의하여 결정되는 표준급유 정수

[표 6-11] 미끄럼 베어링의 표준 급유 정수(K)

회 전 수 [rpm]	K	회 전 수 [rpm]	K	회 전 수 [rpm]	K
100 이하	0.2	200~240	0.4~0.5	300~320	0.7~0.8
100~150	0.2~0.3	240~280	0.5~0.6	320~340	0.8~0.9
150~200	0.3~0.4	280~300	0.6~0.7	340 이상	0.9 이상

(3) 구름 베어링의 급유법과 급유량

(가) 급유법

① 적하식

　　적하 급유에 사용되며 적은 급유량으로 운전 속도가 낮을 때 사용된다.

② 유욕식

　　교반 작용에 의해 베어링의 온도가 상승할 수 있으므로 저속 운전이 요구된다.

③ 분무식

　　베어링의 오염 방지와 정확한 급유를 할 수 있으며 압축 공기가 베어링을 냉각한다.

(나) 급유량

유욕식에서 축이 수평 또는 그것에 가까운 경우에 그 유면을 최저 위치에 있는 볼 또는 그 밑부분이 기름에 잠기는 것이 적정량이다.

순환 급유의 급유량 $Q = (3.25 \times 10^{-5}/\varDelta t)\, D \cdot f \cdot n \cdot F$

여기서, Q : 급유량[ℓ/min], 　　　$\varDelta t$: 유의 온도 상승 [℃]

　　　 D : 직경[mm], 　　　　 f : 마찰 계수 [0.001~0.002]

　　　 n : 회전수[rpm], 　　　 F : 하중 [kg]

(4) 베이링유의 정기 점검

베어링유는 운전 조건이나 베어링 정밀도에 따라 교환 주기가 다르므로 다음 [표 6-12]를 참고한다.

[표 6-12] 점검 빈도

분석 대상	점 검 빈 도	
	운전 조건(보통)	운전 조건(가혹)
링, 체인, 컬러 급유법 유욕, 비말 급유법 순환 급유법	1년마다 6개월마다 9개월마다	6개월마다 3개월마다 1~3개월마다

2-3 베어링의 그리스 윤활

(1) 그리스의 선정

그리스는 증조제, 기유제 및 첨가제로서 이루어지므로 그리스의 특성은 증조제 및 기유제로 결정된다. 첨가제로는 산화 방지제, 방청제, 극압제 등이 있으며, 사용 조건(온도, 속도, 하중)에 따라 적당한 것을 선택한다.

(2) 미끄럼 베어링

미끄럼 베어링에 그리스를 사용할 경우 온도, 용도, 급유 방법 및 하중 등을 고려해서 선정한다.

(가) 온도

온도 상승이 마찰에만 의한 경우 베어링의 온도는 56℃가 한도이다.

(나) 용도

일반적으로 운전속도가 2m/sec 이하에 적합하다.

(다) 급유 방법

급유하기에 편리한 주도를 갖는 그리스를 선택한다.

(라) 하중

중하중의 경우에는 극압제, 그레파이트 등이 첨가된 그리스를 선택한다.

(3) 구름 베어링

구름 베어링에 그리스를 사용할 경우 그리스의 특성, 사용 조건, 급유 방법 등을 고려하여 선정한다.

(4) 그리스의 충진량

하우징 안에 그리스의 충진량은 베어링의 회전 속도, 하우징의 구조, 공간 용적 등에 따라 다르며 일반적인 기준은 다음과 같이 한다.

우선 베어링 내부에는 충분한 그리스를 채우고, 하우징 내부의 축 및 베어링을 제외한 공간 용적에 대해서 허용 회전수에 따라 다음과 같이 충진한다.

① 허용 회전수의 50% 이하의 회전 : 공간 용적의 1/2~2/3 충진

② 허용 회전수의 50% 이상의 회전 : 공간 용적의 1/3~1/2 충진

(가) 미끄럼 베어링

미끄럼 베어링에서는 중하중의 경우 충분한 윤활을 위해서는 최소 급유량이 필요하다.

$$최소\ 급유량\ Q = 4d^3 [cm^3/h]$$

여기서, Q : 급유량, d : 직경$[cm]$

(나) 구름 베어링

구름 베어링에 있어서 그리스의 충진량은 다음과 같다.

$$그리스\ 충진량\ Q_1 = \frac{d^{25}}{900} (볼\ 베어링) \qquad Q_1 = \frac{d^{25}}{350} (구름\ 베어링)$$

보급량은 $Q_2 = 0.005DB$

여기서, Q_1 : 초기 충진량$[g]$,　　　Q_2 : 보급량$[g]$

d : 베어링 안지름$[mm]$,　　D : 베어링 바깥지름(mm),

B : 베어링의 폭$[mm]$

3. 기어의 윤활 관리

3-1 기어 윤활의 개요

기어용 윤활유의 요구 조건은 다음과 같다.

(1) 적정 점도

기어와 기어 사이에 유막을 형성하여 마찰을 감소시키기 위하여 동력 손실 등의 지장이 없는 한 높은 점도의 윤활유를 사용하지만, 고속 기어에는 저점도의 윤활유가 적합하다.

(2) 높은 점도 지수

(3) 수분리성(항유화성)

윤활유에 수분이 침투하여 유화가 발생되면 녹이나 슬러지가 발생하므로 항유화성의 윤활유가 요구된다.

(4) 내하중성 및 마모 방지성

기어는 높은 하중을 받아 미끄러질 때 마찰면은 고온이 되어 유막이 파단되어 기어가 마모되므로 이것을 방지하기 위하여 내하중성이 있는 윤활유(극압유)가 요구된다.

(5) 우수한 산화 안정성

윤활유는 고온, 수분 등에 의하여 산화, 열화되므로 기어용 윤활유는 비말 급유로서 정제도가 높고 산화 방지성이 우수한 것이 필요하다.

(6) 소포성

기어의 회전에 따라 기포가 발생하면 윤활 성능이 저하되므로 소포성이 좋은 윤활유가 요구된다.

(7) 방식 · 방청성

(8) 낮은 온도에서의 유동점

3-2 기어의 윤활

기어는 밀폐형과 개방형으로 분류된다. 밀폐형 기어의 급유법은 유욕 급유법과 강제 순환식 급유법이 있으며, 개방형 기어의 급유법은 브러시 급유법과 손 급유법이 있다.

(1) 개방 기어

개방형 스퍼기어는 손 급유 또는 브러시에 의한 급유가 적합하며, 기어면에 윤활제가 항상 유지하기 위하여 부착성이 좋고 내수성을 갖는 점도가 높은 윤활제가 사용된다.

(2) 스퍼 기어의 윤활

밀폐형 스퍼 기어의 윤활유는 하중과 속도에 따라 결정된다. 하중이 크면 기어와 기어 사이에 유막을 유지하기 위해서 점도가 높은 윤활유가 필요하다. 또 고속에서는 하중이 작아지기 때문에 점도가 낮은 윤활유가 적당하다. 이런 종류의 기어 윤활유로서는 특수한 경우를 제외하고는 산화 안정성이 높은 순광유를 사용한다.

(3) 하이포이드 기어의 윤활

하이포이드 기어는 일반적으로 중하중을 받으므로 가혹한 윤활 조건이므로 순광유나 불활성 극압 윤활유는 부적당하여 스커핑(scuffing)을 일으킬 위험이 있으므로 활성형 극압 윤활유가 적당하다.

[표 6-13] 사용 조건에 따른 윤활유의 점도

사용 조건	윤활유의 점도 저점도 ←——————→ 고점도	
하중 속도 운전 온도	작다 ←——————→ 크다 빠르다 ←——————→ 늦다 낮다 ←——————→ 높다	

(4) 웜 기어의 윤활

웜 기어는 미끄럼 속도가 빠르고 운전 온도도 높게 되므로 산화 안정성이 우수한 순광유가 일반적으로 사용된다. 고하중 조건에서는 혼성유를 사용하는 경우도 있다. 고하중에서 유온 상승이 심한 경우 합성유를 사용하면 유온이 저하되어 안정한 윤활이 가능하다.

3-3 기어유의 관리

(1) 기어유의 제반 조건

기어의 윤활에 있어서도 운전 온도, 운전 속도, 하중 급유법 등에 따라 윤활유의 효과가 좌우되므로 윤활유 선정 시 이러한 조건을 충분히 고려해야 한다.

[표 6-14] 기어용 윤활유의 선정 조건

조 건	원 인	대 책
운전 온도	온도 상승에 따른 점도 저하 및 열화의 촉진	주위 온도에 따라 적정한 점도 및 유량의 조정 온도 상승의 원인 조사
운전 속도	회전 속도는 피치 라인 속도를 고려하지 않음으로써 생기면 소부 마모 초래	속도에 따라서 적정한 점도를 선정
하 중	중하중, 충격 하중에 의한 기어의 소부 마모	조건이 가혹한 경우는 극압 첨가제가 첨가된 기어유를 선정
급유 방식	적정한 개소에 적정량의 윤활유가 급유되지 않으므로 발생하며 소부 마모	사용 조건에 대한 적절한 급유 방식의 선정
기계적 요구	이면 접촉의 불균일에 의해 소부 이상 마모	운전 초기에 하중을 적게 걸고 길들이기 운전을 충분히 할 것
분 위 기	먼지, 마모분, 수분 등 이물질 혼입에 의한 윤활 불량 소부	윤활 관리의 철저

(2) 기어유의 관리 기준

기어유의 열화 및 교환 시기의 결정은 매우 중요하므로 정기적으로 사용유를 채취 분석하는 것이 기어유로 기인되는 트러블을 미연에 방지하고 사용 한계를 판정하는 데 효과적이다. 기어유의 교환 기준은 일반적으로 점도 증가 15%, 전산가 증가 1.0 등으로 되어 있다. 또한 물, 녹, 그리스 등의 혼입에 의한 오손이나 항유화성의 악화로 사용할 수 없게 되는 경우도 많으므로 충분한 관리가 요구된다.

(3) 기어유의 관리 한계

① 점도(SUS) : 정밀 기어(±10%), 비정밀 기어(±20%)

② 수분 : 10%

③ 전산가(TAN) : 1.0mgKOH/g

④ N-펜탄 불용해분 : 10%

4. 유압 작동유

4-1 유압 작동유의 종류

유압 장치에 사용되는 유압 작동유는 흡입 필터를 통하여 펌프에 흡입되어 가압되어지며, 가압된 유압유는 라인 필터를 통하여 실린더로 보내진다. 유압 작동유의 종류는 크게 광유계 작용유와 불연성(不燃性) 작동유로 분류된다. 석유계 작동유는 일반 작동유·NC 작동유·내마모성 작동유 등으로 다시 구분되고, 불연성 작동유는 함수형(含水型) 작동유·합성(合成) 작동유로 나누어진다.

[표 6-15] 유압 작동유의 종류

유압 작동유의 종류	광유계		순광유 작동유(HH) R & O형 작동유(HL) 내마모성 작동유(HM) 고점도 지수(저온용) 작동유 유압, 안내면 겸용유(multipurpose oil) NC 작동유
	불연성	함수형	O/W 유화형 작동액(HFAE) W/O 유화형 작동액(HFB) 물-glycol계 작동액(HFC)
		합성	인산 ester계 작동액(HFDR) silicone유계 작동액 합성탄화수소계 작동액(HFDS) 유기 ester계 작동액

[표 6-16] 유압 작동유의 ISO 분류

기호 ISO-L	조 성	기호 ISO-L	조 성
HH	정제 순광유	HFAE	O/W 에멀션
HL	HH+방청제+산화 방지제	HFAS	Chemical solution 액
HM	HL+마모 방지제	HFB	W/O 에멀션
HR	HL+점도 지수 향상제	HFC	물/Glycol형
HV	HM+점도 지수 향상제	HFDR	인산 ester
HS	합성유(내화성 규정 없음)	HFDS	염소화 탄화수소
HG	HM+stick slip 방지제	HFDT	HFDR, HFDS의 혼합물
HA	자동 변속 기유	HFDU	기타 합성유

4-2 유압 작동유의 요구 성능

유압 작동유는 힘의 전달 작용, 윤활 작용, 냉각 작용, 세척 작용을 하는 유체이므로 동력의 손실이 적고, 전달 시간의 지연이 적어야 하므로 압축률이 적으며, 유동 저항이 적은 저점도의 것이 바람직하다. 그러나 점도가 너무 낮으면 접동부에서 누유가 발생되기 쉬우므로 적당한 점도의 선정이 매우 중요하다.

(1) 작동유의 기본적 적합성

유압 작동유의 기본적인 적합성은 점도, 점도 지수 및 유동점이다.

(가) 점도

유압 작동유의 물리적 성질 중 가장 중요한 것은 점도이다. 점도는 유체의 유동 저항, 즉 내부 마찰과 관계되므로 유압 작동유에 있어서는 점도가 가장 큰 영향을 미친다. 따라서 유압 장치를 보다 더 효율적인 성능을 충분히 발휘시키기 위해서는 장치의 종류나 크기, 유온을 고려해서 적당한 점도의 유압유를 선정할 필요가 있다.

[표 6-17] 유압 작동유의 점도의 영향

	높은 점도	낮은 점도
마모 방지	◎	×
캐비테이션 방지	×	◎
기계 효율	×	◎
용적 효율	◎	×

위 표에서 마모 방지성은 높은 점도가 좋으며, 캐비테이션(cavitation)은 낮은 점도에서 일어나기 어렵다. 또한, 용적 효율이라 함은 정격 토출량에 대한 실제 토출량의 비를 의미하며, 점도가 낮으면 펌프의 내부 누설에 의하여 토출량은 감소하며 용적 효율도 저하된다.

(나) 점도 지수(VI)

유압 작동유가 일정한 점도를 유지하면 이상적이겠지만 온도 및 압력 변화에 따라 점도가 변하게 되므로 이들 조건을 고려한 점도의 결정이 매우 중요하다. 만일 점도 지수의 작동유를 사용하면 저온 시 점도가 크게 증가하여 마찰 손실이 증대되어 작동이 원활하지 않게 된다. 또한 고온 시에는 점도 저하가 매우 크게 되므로 누설로 인한 유압의 유지가 어렵게 되어 습동부의 마모가 증가하는 현상을 초래한다. 따라서 작동유의 환경이 온도가 변하는 조건인 경우 점도 지수 향상제라는 첨가제가 필요하게 된다.

(다) 유동점

유압 장치에서 유동점은 저온에 노출되는 경우에 문제가 발생되므로 유압 작동유의 유동점은 사용 최저 온도보다 $-6.7℃$ 이하로 사용한다.

(2) 작동유의 품질

(가) 산화 안정성

유압 작동유가 가져야 할 중요한 성질이며 작동유의 수명을 결정하는 성상으로 오일의 산화로 생성된 슬러지가 밸브나 오리피스관 등을 막히게 하거나 마찰 부위를 마모시키는 원인이 된다. 산화를 촉진하는 요소는 작동유뿐만 아니라 온도, 교반, 압력 등이 있다. 온도는 산화를 촉진하는 제1의 요소이며 작동유의 경우 $60℃$ 이하가 바람직하다. 또한 유압 장치에서 작동유가 교반 상태에 있게 되는 경우가 많고 교반 작용은 공기와의 접촉 면적을 증가시키며, 따라서 발포가 많아져 열화 등의 원인이 된다. 이와 같이 유압 장치는 작동유의 열화를 촉진시키기 쉬운 상태이므로 장기간 사용하기 위해서는 고도로 정제된 광유에 산화 방지제를 첨가해 산화 안정성이 특히 우수한 작동유를 선정할 필요가 있다.

(나) 소포성

유압 장치는 반복하여 가압, 감압이 발생하므로 작동유에 공기가 혼입되면 감압의 경우 기포 현상이 발생한다. 작동유에 기포가 있으면 가압 시에 유온이 올라가기도 하여 열화가 쉽게 일어나는 것은 물론 작동 불량을 일으킨다. 그러므로 이 기포를 신속히 없애는 소포성이 작동유에 요구된다.

(다) 방청성

방청성은 산화 안정성과 밀접하므로 금속면이 수분이나 부식성의 산화 생성물에 의해 방청되거나 부식되지 않도록 부식 방지성 및 방청성이 요구된다.

(라) 마모 방지성

작동유는 활동 부분의 마모가 적게 되도록 누유를 방지하고 효율을 유지하는 것이 필요하다.

(마) 윤활성

작동유는 윤활제로서 기능을 만족시키기 위하여 적정 점도를 고려하여야 한다. 또한 양호한 유성과 극압성을 갖추어 윤활면에서 적정 점도를 유지하여 윤활 성능을 발휘해야 한다.

4-3 유압 작동유의 열화와 교환

(1) 작동유의 열화

작동유는 마찰로 인하여 마모된 미세한 불순물들이 작동유 속으로 유입되는 경우와 연속적인 작업으로 작동유의 온도가 급상승하게 되면 작동유는 열화되어 화학적인 성질까지 변화하게 된다. 또한 작동유의 온도 변화에 따라 공기 속의 수분을 흡수하게 되어 열화가 진행된다.

일반적인 유압 작동유의 열화 상태는 1년 이상 사용 후 산화 열화의 경향보다는 오히려 협잡물의 혼입이나 수분 혼입에 의한 경우가 더 흔하게 발생한다.

(가) 극압 첨가제

극압 첨가제로 널리 사용되는 제품은 ZDTP(디알킬티오 인산아연)으로서 산화 방지제의 역할도 한다. 그러나 ZDTP 첨가제의 열분해도가 140~190℃이며, 윤활유에 용해되었을 경우 190~230℃에서 열분해 반응을 일으켜 열화 생성물을 발생시킨다.

(나) 점도 지수 향상제

점도 지수 향상제는 고압용 작동유인 NC 작동유, 고점도 지수 작동유 및 내마모성 작동유의 제품에 첨가제로서 널리 사용된다. 유압 펌프나 밸브류의 습동부는 운전 중 첨가제 분자의 연속적인 전단으로 인하여 점도가 저하되므로 고분자 화합물인 점도 지수 향상제가 사용된다.

(다) 수분 및 이종유의 혼입

윤활유에 수분의 혼입은 공기 중의 습도가 응축하여 혼입하는 경우와 냉각기의 고장으로 인하여 혼입되는 경우가 있다. 공작 기계에서 수용성 절삭유가 혼입되면 유화 현상을 일으켜 윤활유의 열화를 촉진시키게 된다. 또한 이종유를 혼입한 경우 이종유의 성상과 혼입물에 따라 계속 사용할 것인지 교환할 것인지를 결정한다.

(라) 협잡물의 혼입

협잡물은 배관이나 탱크에 존재하고 있는 것과 운전 중 외부로부터 침입하는 경우로 구분된다. 협잡물의 크기에 따라 펌프나 작동 기기의 마모가 촉진되므로 관리가 요구된다.

(2) 작동유의 교환 기준

[표 6-18]은 작동유의 교환 기준을 나타내고 있다.

[표 6-18] 작동유의 교환 기준

성상 \ 유종	범용 작동유	내마모성 작 동 유	고점도 지수 작 동 유	NC 작동유
40℃ 점도 변화 (%)	±10~15	±10~15	±10~15	±10~15
인 화 점 변화 (%)	60 이하	60 이하	60 이하	60 이하
전산가 (mgKOH/g)	0.5 이하	0.5 이하	0.5 이하	0.5 이하
펜탄 불용 성분(Wt%)	0.05 이하	0.05 이하	0.05 이하	0.05 이하
벤젠 불용 성분(Wt%)	0.03 이하	0.03 이하	0.03 이하	0.03 이하
색(Union)	2 이하	2 이하	2 이하	2 이하
수 분(Vol.%)	0.05 이하	0.05 이하	0.05 이하	0.05 이하

5. 현장의 윤활 관리

5-1 급유 스티커와 육안 검사

(1) 준비

① 각종 윤활 관리 카드를 준비한다.

② 급유 스티커를 준비한다.

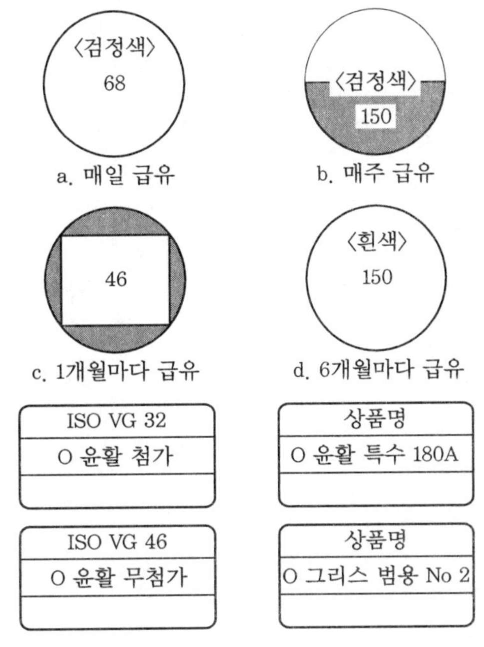

[그림 6-1] 급유 스티커의 예

(2) 윤활 관리의 제1차 계획 수립

① 실태 조사에 의하여 결함을 조사한다.

② 모델 기계의 윤활 관리 계획을 세운다.

- 모델 기계의 종류와 대수
- 윤활 방식, 윤활제, 급유 방법 등을 조사한다.
- 윤활 카드를 작성한다.
- 윤활 급유 개소를 명확히 하기 위하여 스티커를 부착한다.
- 윤활 관리 방법을 결정한다.
  ㉮ 업무 분담
  ㉯ 윤활제
  ㉰ 작업 주기
  ㉱ 점검법

③ 모델 공장의 윤활 관리를 실시한다.

(3) 윤활유의 육안 검사

[표 6-19] 윤활유의 육안 검사 항목

육안 검사 항목			판 정	처 치
색 채	투 명 도	이 물 질		
신유와 차이 없음	투명	미량, 큰 입자 먼지	정유	여과기로 정유
신유와 차이 없음	투명	먼지가 많음	정유	정유 및 방지 대책 수립
신유와 차이 없음	약간 흐림	미량	계속 사용 가능	–
신유와 차이 없음	약간 흐림	미량, 큰 입자 먼지	정유	여과기로 정유
신유와 차이 없음	약간 흐림	먼지가 많음	정유	정유 및 방진 대책 수립
짙은 색	투명	매우 미량	계속 사용 가능	색채가 짙은 경우 이상 보고
백 탁	투명도 없음	–	유화	갱유
상부 2/3 이상 신유와 차이 없음 하부 1/3 이하 백탁	상부 2/3 이상 투명 하부 1/3 이하 흐림	매우 미량	계속 사용 가능	수분 드레인
〃	〃	미량, 큰 입자 먼지	정유	정유 및 드레인

5-2 현장의 윤활 관리 양식

(1) 윤활유 발정 조사표

[표 6-20] 윤활유 발정 조사표

OOO 공장		기 명			메 이 커			등 급	
O부 O과 O계		형 식			기계 번호		제작 년월일		
윤활 개소	급유 방법	사용 조건	유 선 정			용 량	보급량	점검 및 보급				교환 시기	비고
			현사 용유	메이커 지정유	적유명			위치	일	주	월		
1													
2													
3													
4													
5													
6													
7													
8													

(2) 윤활 관리 카드

[표 6-21] 윤활 관리 카드

공 장 명	OOO 공 장		OO과 OO계				담 당 자	
기 계 명		메 이 커		형 식			플랜트 No.	
윤활 개소	급유법	사용유명	용 량	기준 급유량	점검 및 보급				갱 유 및 보급 간격	카렌다 No.
					위치	일	주	월		
1										
2										
3										
4										
5										
6										
7										
8										

(3) 월간 윤활유 사용량 보고서

[표 6-22] 월간 윤활유 사용량 보고서

소　속	기계 번호	메 이 커	형　식	기 계 명	유　명	비　고
					윤 활 개 소	
					급 유 법	
					윤 활 개 소	
					급 유 법	
					윤 활 개 소	
					급 유 법	
					윤 활 개 소	
					급 유 법	

(4) 윤활유 갱유 및 급유 시간 지정표

[표 6-23] 윤활유 갱유 및 급유 시간 지정표

사용 윤활유명				갱유 간격	
				보유 간격	
○○ 공장　○○ 계	플 랜 트 번 호	급 유 장 소	용　량	갱유 및 보유 시간	
카　렌　다	사용 윤활유명	간　격	월별 지시		주별 지시
			1 2 3 4 5 6 7 8 9 10 11 12		1 2 3 4

(5) 급유 및 갱유 지시 카드

[표 6-24] 급유 및 갱유 지시 카드

(발행 :   월   일)

OO공장 OO계			담 당 자 : O O O		
기 번	갱유 및 보급 지정일		갱유 및 보급 실시일		
	유 명	급 유 부 분	탱크 용량	충 진 량	점 검 확 인
1					
2					
3					
4					
5					
6					
7					
8					

(6) 윤활유 관리 시험 성적표

[표 6-25] 윤활유 관리시험 성적표

OO 공장   기계 설비명 :   사용유명 :   유량 :

시 료 채 취 월일						
사 용 기 간		초기 충진				
비 중(15/4℃)						
인 화 점(C)						
동점도 (cSt)	40℃					
	100℃					
점 도 지 수						
회 분(wt %)						
전 산 가(mgKOH/g)						
색(ASTM)						
동 판 부 식						
n-펜탄 불용분((wt%)						
수 분(vol %)						
비 고						

5-3 브랜딩 차트 사용법

(1) 점도와 온도 차트 사용법

점도/온도 차트는 카탈로그상에 나타나는 40℃ 또는 100℃의 동점도를 임의의 온도에서 점도 변화를 외사법으로 구할 때 사용된다. 또한, A와 B의 동점도를 갖는 윤활유를 혼합(blending)하여 C의 동점도를 갖는 윤활유를 만들고자 할 때 사용된다.

[표 6-26]은 점도/온도 차트를 나타내고 있다. 표의 세로축은 로그 함수로 된 동점도(cSt)를 나타내는 눈금으로서 눈금의 범위는 2.5~10,00cSt이다.

가로축은 로그 함수로 된 온도 눈금과 브랜딩 눈금으로 구성된다. 온도 눈금은 섭씨 온도 눈금의 범위가 −40~175℃로 표시되며, 브랜딩 눈금은 HEAVY와 LIGHT로 백분율로 구분되어 브랜딩하고자 하는 윤활유의 동점도가 높은 것은 [HEAVY]에, 동점도가 낮은 것은 [LIGHT]의 눈금으로 사용한다.

(2) 온도 변화에 따른 윤활유의 동점도 환산법

[예제 문제]

40℃에서 동점도가 68cSt, 100℃에서 동점도가 7cSt, 20℃일 때 동점도는 (   )cSt인가?

[예제 풀이]

① 점도/온도 차트와 자를 준비한다.

② 가로축 눈금의 40℃와 100℃에 각각 자를 대로 세로로 직선 줄을 긋는다.

③ 세로축 눈금의 68cSt와 40℃가 만나는 곳에 점을 찍고, 7cSt와 100℃가 만나는 곳에 점을 각각 찍는다.

④ 각각의 두 점을 자로 연장선을 긋는다.

⑤ 가로축 눈금의 20℃에 자를 대고 세로로 직선 줄을 그어 ④항의 연장선과 교차점의 값을 읽는다. 이 점의 가로축의 값이 20℃의 동점도 값이 된다.

⑥ 20℃의 동점도는 250cSt가 된다.

[표 6-26] 점도/온도 차트

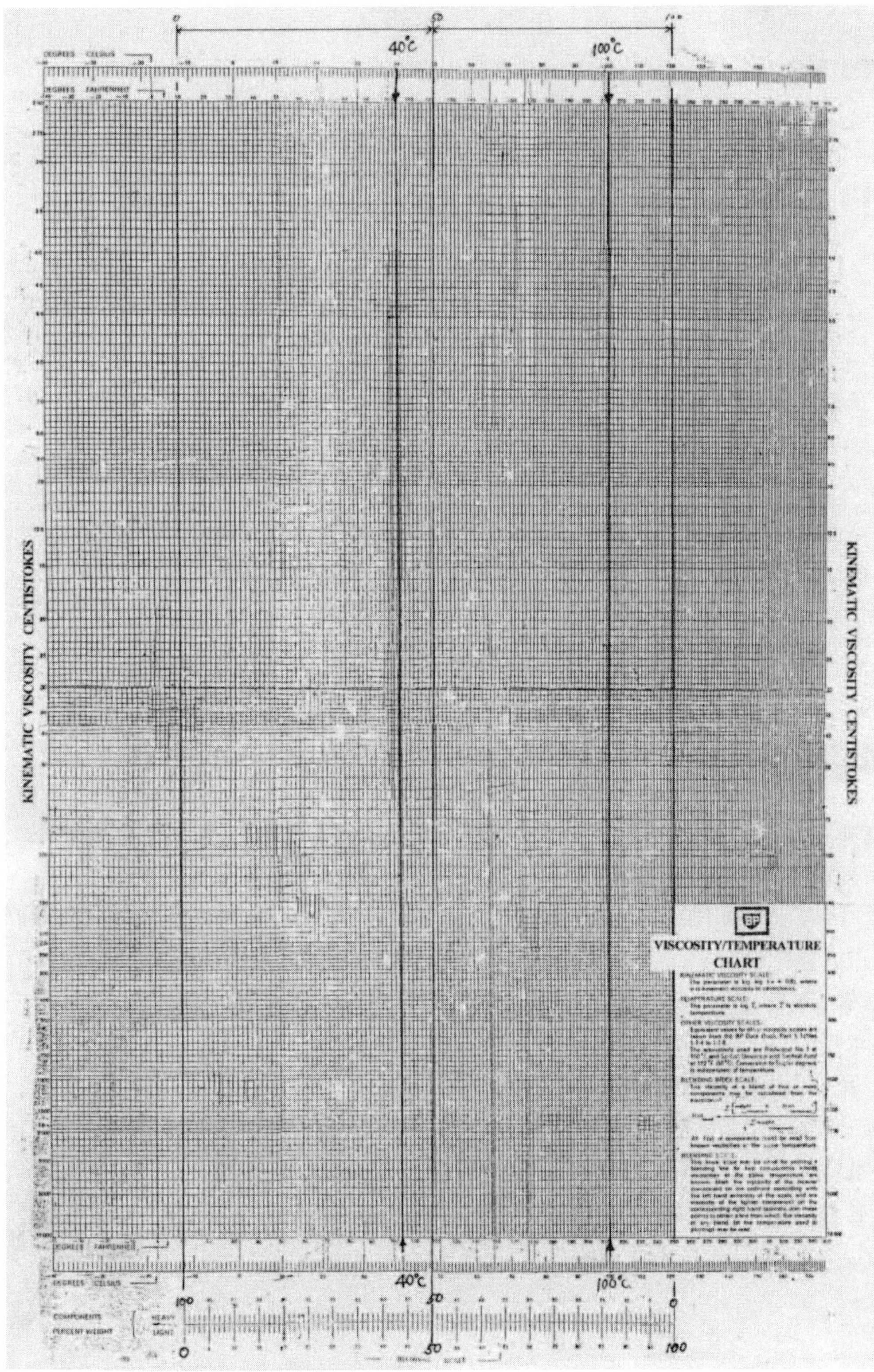

DEGREES CELSIUS
DEGREES FAHRENHEIT
40°C
100°C
KINEMATIC VISCOSITY CENTISTOKES
KINEMATIC VISCOSITY CENTISTOKES
VISCOSITY/TEMPERATURE
CHART
DEGREES FAHRENHEIT
DEGREES CELSIUS
COMPONENTS
PERCENT WEIGHT
HEAVY
LIGHT

(3) 다른 동점도의 윤활유를 각각 1:1로 브랜딩할 때 동점도 환산법

[예제 문제 1]
ISO VG32와 ISO VG68의 윤활유를 1:1로 브랜딩할 경우 동점도는 (   )cSt인가?

[예제 풀이1]
① 점도/온도 차트와 자를 준비한다.
② 가로축 눈금의 HEAVY의 100과 HEAVY의 0이 지시하는 눈금에 각각 자를 대로 세로로 직선 줄을 긋는다.
③ 세로축 눈금의 왼쪽은 68cSt와 100의 눈금이 만나는 곳에 점을 찍고, 세로축의 눈금 오른쪽은 32cSt와 0이 만나는 곳에 점을 각각 찍는다.
④ 각각의 두 점을 자로 연장선을 긋는다.
⑤ 가로축 눈금의 HEAVY의 50(LIGHT 50과 동일)에 자를 대고 세로로 직선 줄을 그어 ④ 항의 연장선과 교차점의 값을 읽는다. 이 점의 가로축의 값이 VG32와 VG68의 윤활유를 1:1로 브랜딩할 때의 동점도 값이 된다.
⑥ 브랜딩 결과는 46cSt가 되므로 ISO VG46의 윤활유임을 알 수 있다.

[예제 문제 2]
ISO VG32와 ISO VG100의 윤활유를 25:75로 브랜딩할 경우 동점도는 (   )cSt인가?

[예제 풀이 2]
① 점도/온도 차트와 자를 준비한다.
② 가로축 눈금의 HEAVY의 100과 HEAVY의 0이 지시하는 눈금에 각각 자를 대로 세로로 직선 줄을 긋는다.
③ 세로축 눈금의 왼쪽은 100cSt와 100의 눈금이 만나는 곳에 점을 찍고, 세로축의 눈금 오른쪽은 32cSt와 0이 만나는 곳에 점을 각각 찍는다.
④ 각각의 두 점을 자로 연장선을 긋는다.
⑤ 가로축 눈금의 HEAVY의 75(LIGHT 25와 동일)에 자를 대고 세로로 직선 줄을 그어 ④ 항의 연장선과 교차점의 값을 읽는다. 이 점의 가로축의 값이 VG32와 VG100의 윤활유를 25:75로 브랜딩할 때의 동점도 값이 된다.
⑥ 브랜딩 결과는 76cSt가 된다.

핵 심 문 제

1. 공기 압축기 윤활의 트러블 원인은 무엇인가?

2. 고압 가스 압축기에 사용되는 압축 가스의 종류를 설명하시오.

3. 베어링 윤활의 목적을 설명하시오.

4. 베어링유의 요구 특성에 대하여 설명하시오.

5. 기어 윤활유의 요구 조건은?

6. 기어유의 관리 한계에 대하여 설명하시오.

7. 유압 작동유의 종류를 기술하시오.

8. 유압 작동유의 요구 성능에 대하여 설명하시오.

9. 유압 작동유의 교환 기준을 설명하시오.

연 습 문 제

1. 다음 중 미끄럼 베어링에 그리스를 사용할 경우 크게 고려하지 않아도 될 사항은?
   ① 급유 방법　　　② 하중　　　③ 용도　　　④ 재질

2. 베어링의 틈새가 커서 기름을 잘 확보할 수 없는 곳에 사용되는 윤활제는?
   ① 절삭유　　　② 그리스　　　③ 기어유　　　④ 터빈유

3. 베어링 윤활의 목적이 아닌 것은?
   ① 베어링과 금속의 직접적인 접촉을 유도한다.
   ② 베어링의 마모를 줄이고 베어링 수명을 연장한다.
   ③ 윤활유의 마찰 감소 작용으로 동력 손실을 줄인다.
   ④ 윤활유의 냉각 효과로서 베어링의 온도 상승을 억제한다.

4. 다음 금속 가공유에 속하지 않은 것은?
   ① 방청유　　　② 연삭유　　　③ 압연유　　　④ 절삭유

5. 기어 박스의 윤활은 몇 개월 주기로 교체하는 것이 이상적인가?
   ① 3개월　　　② 8개월　　　③ 12개월　　　④ 2년

정 답 │ 1.④　2.②　3.①　4.①　5.③

6. 산소 가스를 압축할 때 사용하는 윤활유는?

① 점도가 높은 압축 기유를 사용한다.　② 점도가 낮은 압축 기유를 사용한다.
③ 황 성분이 적은 윤활유를 사용한다.　④ 급유를 하지 않거나 물을 사용한다.

7. 베어링 윤활의 목적으로서 관계가 먼 것은?

① 베어링의 수명 연장　② 먼지 또는 이물질의 침입 방지
③ 베어링의 온도 상승 촉진　④ 마찰에 의한 발열을 억제

8. 윤활제의 종류에서 액상 윤활제인 것은?

① 기어 컴파운드　② 산화 알루미나　③ 그래파이트　④ 유압 작동유

9. 다음 중 바르게 설명된 것은?

① 그리스의 양을 가득 채우면 발열이 없다.
② 윤활유의 점도가 크면 유막을 유지하기 힘들다.
③ 그리스는 절삭제 역할을 한다.
④ 압력이 큰 마찰면에는 점도가 높은 윤활유가 적당하다.

10. 고속 고하중 기어에 이면의 유막이 파단되어 국부적으로 금속 접촉이 일어나 마찰에 의해 그 부분이 용융되어 뜯겨나가는 형상으로 마모가 활동 방향에 생기는 현상은 무엇인가?

① 정상 마모　② 스코링　③ 긁힘　④ 리징

11. 유압 작동유 중 불연성 작동유에 해당되는 것은?

① 일반 작동유　② NC 작동유　③ 내마모성 작동유라　④ 합성 작동유

12. 일반적으로 널리 사용되는 고압용 점도 지수 향상제는?

① NC 작동유　② EP유　③ ZDTP 첨가제　④ 유동점 향상제

13. 왕복식 압축 기유의 관리 항목 중 40℃ 동점도의 관리 기준값은 얼마인가?

① ±1% 이내　② ±5% 이내　③ ±10% 이내　④ ±20% 이내

14. 베어링유의 요구 특성이 아닌 것은?

① 산화 안정성　② 방식 및 내부식성　③ 내열성　④ 고점도성

정 답 │　6. ④　7. ③　8. ④　9. ②　10. ②　11. ④　12. ①　13. ③　14. ④

15. 윤활유의 열화 방지법에 대한 올바른 설명은?

① 가능한 고온에서도 사용한다.
② 교환을 할 때에는 약간의 열화유와 혼합하여야 한다.
③ 신기계 도입 시에는 충분히 세척을 한 후 사용한다.
④ 첨가제를 사용해서는 절대 안 된다.

16. 다음 중 금속 가공유가 아닌 것은?

① 연삭유   ② 절삭유   ③ 탭핑유   ④ 방청유

17. 다음 중 윤활유의 열화 방지법과 관련이 없는 것은?

① 신 기계 도입 시는 충분히 세척 후 사용한다.
② 윤활유를 혼합하여 사용하지 않는다.
③ 고온은 가능한 피한다.
④ 윤활유의 갱유 시 열화유는 일부만 남기고 사용한다.

18. 고온에서 윤활유를 사용하면 가열 분해되어 고체 성분이 남게 되어 윤활 개소에 이상 현상이 발생되는 열화 현상은?

① 산화   ② 유석   ③ 희석   ④ 탄화

19. 다음 중 적합한 윤활유의 열화 방지법은?

① 첨가제는 항상 첨가하여야 한다.
② 윤활유 부족 시 이종 윤활유와 혼합 사용한다.
③ 고온에서 성능 시험을 한다.
④ 갱유 시 완전히 세척한 후 윤활유를 공급한다.

정 답 │ **15.** ③   **16.** ④   **17.** ④   **18.** ④   **19.** ④

제7장
윤활유 분석에 의한 고장 진단 기술 지침

공 표 일 : 2003년 6월 15일(KOSHA CODE M-22-2003)

(한국산업안전공단)

1. 목 적

이 지침은 산업안전기준에 관한 규칙(이하 "안전규칙"이라 한다) 제41조(고장난 기계의 정비 등)의 규정에 의하여 기계의 결함을 발견하기 위하여 기계에서 사용되는 윤활유 분석 및 고장 진단에 관한 기술적 사항을 정함을 목적으로 한다.

2. 적용 범위

이 지침은 윤활유를 사용하는 기계의 윤활 부위에서 손상이나 파손이 발생하였을 때 심각한 손실을 초래할 수 있는 설비에 대하여 적용한다.

3. 용어의 정의

(1) 이 지침에서 사용하는 용어의 정의는 다음과 같다.

(가) "산가"라 함은 시료에 함유되어 있는 산성 성분을 중화하는 데 소요되는 염기의 수량으로서 시료 1g당 수산화칼륨의 소요량은 mg 단위로 표시한 수를 말한다.

(나) "염기가"라 함은 시료에 함유되어 있는 염기 성분을 중화하는 데 소요되는 산의 수량으로서 시료 1g당 염산의 소요량은 mg 단위로 표시한 수를 말한다.

(다) "점도지수"라 함은 온도에 따른 석유 제품의 점도 변화를 특정화하기 위하여 높은 점도 지수는 작은 점도 변화를, 낮은 점도 지수는 큰 점도 변화를 나타내는 데 사용되는 일반적인 등급의 수를 말한다.

(라) "유동점"이라 함은 시료를 45℃로 가열한 후 시료를 교반하지 않고 냉각했을 때 시료가 유동하는 최저 온도이며 0℃를 기점으로 하여 2.5℃의 정수배로 표시한 수를 말한다.

(2) 기타 이 지침에서 사용하는 용어의 정의는 이 지침에 특별한 규정이 있는 경우를 제외하고는 산업안전보건법, 동법시행령, 동법시행규칙, 안전규칙 및 노동부 고시에서 정하는 바에 의한다.

4. 윤활유의 기능

기계에 윤활유를 사용하는 것은 일반적으로 윤활유가 다음의 기능을 하기 때문이다.

4-1 마모 방지 작용

금속 마찰면 사이에 윤활유막을 생성시킴으로써 고체 마찰이 액체 마찰로 바뀌어져 마찰을 감소시키고 마찰면의 마모를 방지하는 작용을 한다.

4-2 냉각 작용

마찰이 있는 부위에는 마찰열이 발생되고 이것이 축적되면 온도가 올라가 윤활유의 점도가 저하되고 유막이 얇게 되어 고장의 원인이 되므로, 윤활유를 순환 주입함으로써 발생된 마찰열을 제거하는 냉각 작용을 하게 한다.

4-3 밀봉 작용

작동 부분에 유막을 형성하여 밀봉을 보조하는 작용을 한다.

4-4 방청 작용

금속면이 부식되는 것은 물과 산소 때문이며 염분이 가해지면 부식은 더욱 심해진다. 윤활유는 금속 표면에 유막을 만들고 공기와의 접촉을 방지함과 동시에 수분의 침입을 허용하지 않으므로 부식되는 것을 방지하는 작용을 한다.

4-5 세정 작용

기계를 사용하면 윤활 부위에 마모된 금속 입자, 먼지, 미연소 탄소 가루 등이 생성 또는 침투되므로 윤활유는 이들을 용해 또는 분해하여 기름 속에 분산시켜서 마찰면을 청정하게 유지하는 작용을 한다.

4-6 응력 분산 작용

윤활 부위에 국부적 또는 순간적인 고압이 발생되면 접촉점에 큰 압력이 걸리고 금속 내부에는 큰 응력이 생긴다. 이것이 반복되면 금속이 피로하여 마모 또는 파손의 원인이 된다. 윤활유는 액체의 성질로서 국부 압력을 액 전체에 균등하게 분산시키는 응력 분산 작용을 한다.

5. 윤활유의 선정 기준

기계에 적합한 윤활유를 선정할 때에는 다음의 성질을 고려한다.

5-1 윤활성과 열 전달 성질

마모 방지 작용과 냉각 작용이 좋은 윤활유를 선정한다.

5-2 마모된 금속 입자 또는 미연소 탄소 가루 등을 부유시키는 성질

세정 작용이 좋은 윤활유를 선정한다.

5-3 반응성

윤활유가 산성이나 알칼리성 물질이 될 경우에는 접촉하는 금속 표면과 반응을 일으켜 부식이 발생하고 윤활 성능이 저하되므로 기계 재료와의 반응성을 고려한다.

5-4 내산성

윤활유에 산성 물질이 포함되면 윤활유를 변질시키거나 기계 재료를 부식시켜 위험 물질을 누출시킬 위험이 있으므로, 산성 물질을 조절하는 성질이 필요하다.

5-5 물과의 친화성 및 분리성

(1) 물은 기계 재료의 부식 원인이 되므로 윤활유가 물과 혼합되는 성질을 가지면 부식 방지 능력이 향상된다.
(2) 절삭유, 압연유, 불연성 작동유 등에는 물과의 친화성이 있는 윤활유를 사용한다.
(3) 물과 분리되는 성질의 윤활유는 스팀 터빈이나 엔진 등 수증기를 취급하는 기계에 사용한다.

5-6 발포성

윤활유 사용 중 거품이 일어나면 산화를 촉진하고 윤활유 펌프의 기능을 감소시키며 윤활 능력, 냉각 능력을 저하시켜 정상 운전을 할 수 없게 하므로 발포성이 적은 윤활유를 사용한다.

5-7 내산화성

(1) 윤활유는 사용 중 공기 중의 산소와 산화 작용을 일으키고 열과 압력, 수분 또는 금속 입자 등의 오염에 의하여 산화 속도가 증가된다.
(2) 산화 작용은 윤활유를 열화시켜 기계의 원활한 운전을 방해하므로 산화에 대한 저항성이 큰 윤활유를 사용한다.

5-8 열 안정도

(1) 윤활유는 고온에서 열분해를 일으켜 산화, 증발, 중합, 축합 등의 작용을 하고 슬러지를 발생시킨다.
(2) 열 안정도가 나쁜 윤활유를 사용하면 쉽게 열화되고 슬러지가 발생되어 기계를 오염시키고 윤활 · 냉각 성능이 저하되어 고장의 원인이 된다.

6. 윤활유 품질 관리

(1) 부적합한 윤활유가 섞이거나 투입되면 기계의 정상 성능 발휘에 문제가 생기며, 적정 윤활유와 물리적 · 화학적으로 반응을 일으키게 되므로 저장 탱크에 투입 시 주의한다.
(2) 하나의 설비에서는 사용하는 윤활유의 종류를 최소화한다.

(3) 설비 제작자가 요구하는 윤활유의 사양과 윤활유 제작자의 성분 표시표를 참조하여 윤활유의 작용을 검토하면 설비에 적합한 단일 윤활유를 선택할 수 있다.

(4) 새로운 장비를 설치할 때에는 이미 사용되고 있는 윤활유를 사용할 수 있도록 장비 사양서에 기록하여 발주한다.

(5) 윤활유 저장 탱크의 투입구, 윤활유 보관 용기에는 사용 또는 저장되는 윤활유의 이름을 표시한다.

(6) 기계 · 장비 이력서 또는 기계 관리 대장에는 윤활유의 종류와 윤활유 공급 방법 및 시기 등이 기록되어 있어야 한다.

(7) 새로 구매되어 반입된 윤활유는 시료를 채취하고 분석하여 잘못된 제품의 공급을 막고, 사용한 윤활유를 분석함으로써 새로운 윤활유에서 얻어지는 결과를 기존 윤활유의 성질과 비교한다.

(8) 윤활유 공급 장치를 사용하여 기계적으로 저장 탱크에서 일정량을 공급할 수 있는 설비를 갖추어야 한다.

7. 윤활유 분석

7-1 분석 목적

(1) 기계 상태 파악

(가) 마모된 금속 입자의 수나 성분을 분석함으로써 진동이나 온도 분석에 의하여 감지되는 것보다 많은 종류의 기계 손상을 먼저 알 수 있다.

(나) 물, 연료, 기타 다른 이물질에 의하여 오염되어 있으면 기계의 파손 및 그 위치 등 기계의 상태를 알 수 있다.

(2) 윤활 기능 유지

윤활유의 상태 감시는 최적의 교환, 기능의 보완 등 윤활유의 품질을 최소의 경비로 유지할 수 있게 한다.

7-2 시료 채취

(1) 시료를 분석하는 실험실에서 요구하는 절차에 따라 시료를 채취한다.

(2) 시료는 일반적으로 기계 작동 온도에서 윤활유가 정체하지 않고 흐르는 부분에서 채취

한다. 윤활 펌프의 출구 또는 필터나 스트레이너의 전 부분에서 채취한다.
(3) 시료는 청결한 용기에 채취한다.
(4) 대상 기계가 정상적으로 가동되는 동안이나 기계가 정지한 후 15분 내에 채취한다.
(5) 시료 채취는 항상 같은 방법으로 한다.

7-3 시료 채취 주기

윤활유에 마모된 금속 입자가 나타나고 중대한 기계 고장이 발생되는 것이 얼마만큼의 시간이 경과되느냐에 따라 시료 채취 주기가 결정되므로, 기계의 성능을 최적화하고 사고를 예방하기 위한 윤활유 시료 채취 일정을 만들어 시행한다.

시료 채취 주기는 다음 각 호의 기준에 따르고, 공정상 중요도에 따라 빈도를 증가시키며 기계 제작자의 지침을 참조한다.

(1) 내연 기관, 가스 터빈, 공기 압축기, 냉동 압축기 등을 일반적인 상태로 사용할 때와 저널 및 구름 베어링 : 월별 또는 매 500시간마다
(2) 스팀 터빈, 기어 및 유압 시스템 : 격월간
(3) 예비로 설치되었거나 비상용 내연 기관 또는 기타 기계와 그리스 윤활 베어링 : 분기별
(4) 공조용 압축기 : 일 년 중 사용하는 기간의 사용 전, 사용 중, 사용 후

7-4 윤활유 분석 관리

(1) 분석 실험실에서 윤활유 분석을 함으로써 제공할 수 있는 가장 중요한 기능은 결과의 해석과 관리이다.
(2) 윤활유 상태의 경향 관리는 한 번의 시료에 대한 분석 결과보다 많은 정보를 제공한다.
(3) 관련 기계의 특성을 포함하여 각 부품, 기계 이력, 제출된 모든 시료의 분석 결과가 컴퓨터 데이터베이스로 유지 관리되도록 한다.
(4) 한 기계에서 매번의 시료가 자동적으로 경향 관리로 해석될 수 있도록 프로그램 체계를 갖춘다.
(5) 결과 보고서와 결론은 각 시료와 이전의 모든 시료의 경향을 포함하여 작성되어져야 한다.
(6) 샘플 분석은 신속하고 신뢰성 있고 정확하게 이루어져야 하며, 만약 심각한 상태가 발견되면 즉시 책임자에 통보한다.
(7) 심각한 상태의 발생 원인에 대한 적절한 이유를 포함하여 추가 조사가 필요한 위치와 취해야 할 대책을 명확히 제시한다.

(8) 모든 해석 결과는 각 기계의 보수 자료철에 기록 유지한다.

7-5 윤활유 분석 결과 조치

(1) 윤활유를 필터링한다.
(2) 같은 윤활유 또는 다른 사양의 윤활유로 교체한다.
(3) 윤활유 첨가제의 상실된 기능을 보충한다.
(4) 유체의 누출 등으로 인한 오염의 근원을 조사한다.
(5) 기계를 분해하여 마모된 입자의 근원을 찾아 원인을 시정한다.

8. 윤활유 분석 시험 종류

8-1 점도 분석

(1) 점도는 가장 중요한 윤활의 성질이며 쉽게 측정이 가능하다.
(2) 윤활유는 높은 압력과 온도의 상태에서 유막을 유지할 수 있도록 충분한 점도를 가져야
    한다.
(3) 점도가 너무 높으면 유동성이 적어 윤활 기능이 나빠진다.
(4) 점도의 증가는 산화되거나 먼지, 수분, 높은 점도 유체에 오염되었을 때 나타난다.
(5) 점도의 감소는 점도가 낮은 유체에 오염되었을 때 나타난다.
(6) 일반적으로 점도가 정상보다 10% 이상 변화되면 윤활유를 교환한다.
(7) 시험 방법은 KS M 2014 "원유 및 석유 제품의 동점도 시험 방법 및 석유 제품 점도 지
    수" 계산 방법에 따른다.

8-2 점도 지수

(1) 점도 지수는 온도에 따른 점도의 변화를 나타내는 수치이며 일반적으로 온도가 올라가
    면 점도는 떨어진다.
(2) 윤활유의 사용 온도는 반드시 일정하지 않고 사용 조건에 의하여 대폭적으로 변동될 수
    있으므로 그에 따른 점도 변화가 되도록 적은 것이 좋다.
(3) 중합체 첨가제는 점도·온도 관계를 조정하므로 첨가제가 운전 중 변화되면 윤활유의
    성능에 이상이 발생한다.

(4) 점도 지수는 윤활유의 점도와 온도 관계를 지수로 나타내는 실험치로서 40℃와 100℃
에서의 동점도를 비교한 값이다. 점도 지수가 높다는 것은 온도에 대한 점도의 변화가 적
다는 것을 나타낸다.

(5) 계산 방법은 KS M 2014 "원유 및 석유 제품의 동점도 시험 방법 및 석유 제품 점도 지
수" 계산 방법에 따른다.

8-3 유동점

(1) 유동점이란 윤활유를 저어 주지 않고 냉각하였을 때 흐를 수 있는 최저의 온도이다.

(2) 냉동 장치나 저온 환경에서 윤활유의 사용 유무와 저장 공급을 결정하는 데 중요하다.

(3) 높은 유동점을 가진 윤활유를 예비로 설치된 기계나 낮은 온도에서 사용할 때에는 저장
탱크에 가열 장치를 설치한다.

(4) 시험 방법은 KS M 2016 "원유 및 석유 제품-유동점 시험 방법"에 따른다.

8-4 인화점 및 연소점

(1) 인화점이란 윤활유를 가열하여 발생되는 증기와 공기의 혼합 기체가 작은 불꽃을 액체
표면에 가까이 대었을 때 섬광을 발하며 순간적으로 연소하는 최저의 온도이다.

(2) 연소점이란 윤활유를 가열하여 작은 불꽃을 액체 표면에 가까이 대었을 때 발생되는 증
기와 공기의 혼합 기체가 연속하여 5초 이상 연소하는 최저의 온도이다.

(3) 인화점과 연소점이 낮아졌다는 것은 윤활유가 분해되었거나 연료유가 희석되었다는 표
시가 된다.

(4) 시험 방법은 KS M 2010 "원유 및 석유 제품 인화점 시험 방법"에 따른다.

8-5 냉각제 오염

(1) 냉각제 및 냉각수 설비 계통에 포함되어 있는 화학 물질은 윤활에 문제를 발생시키며 직
접적으로 성분에 영향을 미친다.

(2) 첨가제의 성분이 냉각제 오염으로 판정될 수 있으므로 시험 결과는 새 윤활유의 성능 자
료와 비교하여야 한다.

8-6 물 오염

(1) 스팀 터빈 등에서는 물 오염에 대한 문제가 자주 발생한다.

(2) 물은 공기 중에서 응축되거나 냉각기에서 누출되어 윤활 시스템에 침투된다.

(3) 윤활유에 포함된 물 양의 미세한 변화를 측정하는 시험 방법은 여러 가지가 있으나 하나의 설비에는 그 설비에 적합한 시험 방법과 결과 해석법이 정립되어 있어야 한다. 냉동 압축기 윤활유의 경우에는 매우 정밀한 시험을 하여야 한다.

(4) 일반적으로 수분 함량이 0.2%보다 큰 경우에는 윤활유 교환 등 조치를 취하여야 한다.

(5) 심한 응력을 받는 구름 베어링의 경우에는 0.01%의 수분 오염에도 수명이 절반으로 감소될 수 있다.

(6) 시험 방법은 KS M 2058 "석유 제품 및 역청질–수분 시험 방법–증류법"에 따른다.

8-7 연료 희석

(1) 내연 기관 등의 윤활유 분석에 중요한 시험이다.

(2) 윤활유에 연료가 혼입되면 많은 성질이 변화한다.

(3) 디젤 엔진의 윤활유 경우에는 미연소 탄소 가루 오염에 대한 시험을 실시하며, 이 시험은 엔진 운전 효율과 상태를 측정하는 데 도움을 준다.

8-8 생산 제품 오염

(1) 기계로 생산 제품을 취급할 때 기어, 베어링, 기타 기계 부품이나 윤활 시스템이 손상을 입게 되면 윤활유가 생산 제품에 의하여 오염된 것이 발견되고 생산 제품도 윤활유에 오염된다.

(2) 생산 제품 및 설비에 따라 그러한 오염을 조기에 발견할 수 있는 시험법을 개발하여야 하며, 얼마나 빨리 발견할 수 있느냐에 따라 생산 제품 및 설비에의 영향을 최소화할 수 있다.

8-9 산화 및 질화

(1) 윤활유에 포함되어 있는 첨가제가 산화를 방지하고 있으나 첨가제가 소모되거나 변화되면 윤활유가 산화되기 시작한다.

(2) 산화가 시작되면 윤활유의 막이 두꺼워지고 침전물과 부식성 물질이 생성된다.

(3) 질화는 내연 기관에서 특히 발생되며 분체를 생성하여 침전시키고 산화를 가속화시킨다.

(4) 윤활유에 산화와 질화가 측정되면 즉시 대책을 세워 조치하여야 한다.

8-10 전산가

(1) 전산가(total acid number)는 윤활유에 포함되어 있는 산을 중화하는 데 필요한 알칼리의 양으로 표시되며, 산의 양을 나타낸다.

(2) 윤활유의 열화 과정, 부식, 첨가제 함유량 등을 표시하는 기준이 되며, 전산가가 증대하면 유화, 탄화를 일으켜서 변질이 촉진된다.

(3) 일부 첨가제는 산성을 가지는 것이 있으므로 시험 결과는 새 윤활유의 성능 자료와 비교하여야 한다.

(4) 전산가는 압축기, 유압 기기, 터빈, 기어, 펌프, 천연 가스 엔진 등에서 일반적으로 사용되는 저청정 윤활유의 시험에 적합하다.

(5) 정상 값의 두 배 정도가 일반적으로 허용되는 수준이다.

(6) 시험 방법은 KS M 2004 "석유제품 및 윤활유-산/염기가 시험 방법-색상 지시약 적정법"에 따른다.

8-11 전염기가

(1) 전염기가(total base number)는 윤활유에 포함되어 있는 염기를 중화하는 데 필요한 산의 양으로 표시되며, 염기의 양을 나타낸다.

(2) 전염기가는 첨가제의 수명에 관계되며, 열화함에 따라 염기가는 저하된다.

(3) 전염기가는 디젤이나 가솔린 엔진에 일반적으로 사용되는 고청정 윤활유의 시험에 적합하다.

(4) 시험 방법은 KS M 2004 "석유 제품 및 윤활유-산/염기가 시험 방법-색상 지시약 적정법"에 따른다.

8-12 입자수

(1) 윤활유 속의 입자수를 측정하여 부품의 변질을 알 수 있고 윤활유 흐름의 막힘을 예고할 수 있다.

(2) 시험 방법은 KS M 2069 "석유 제품의 침전값 시험 방법"에 따른다.

8-13 부식 시험

(1) 윤활유에 의한 재질의 부식 또는 윤활유 변질에 대한 여러 가지 시험이 가능하다.

(2) 이러한 시험은 기계에 새로운 윤활유를 사용하거나 특별한 환경에서 사용 가능한가를 결정할 때 적합하다.

8-14 스펙트럼 분석

(1) 스펙트럼 분석은 윤활유 시료를 증류한 후 미량 원소와 무기물 성분의 양을 측정하는 분석법으로 기계 상태 진단에 이용된다.

(2) 윤활 계통에 사용되는 재질을 알 수 있고 첨가제의 양을 결정할 수 있다.

(3) 성분을 분석하여 기계 상태의 악화를 조기에 경보할 수 있다. 예를 들면 주석이 많이 검출되면 배빗 베어링의 마모가 진행되는 것을 나타낸다.

(4) 기계 이상의 초기 단계 경고로서 미량 원소의 비율이 증가되나, 고장 진행 중에는 대부분 커다란 입자들이 생성되므로 큰 입자에 미량 원소가 가려져 스펙트럼 분석에서 검출되는 비율이 감소됨에 유의하여야 한다.

8-15 마모 입자 분석

(1) 철분 분포 측정

(가) 윤활유 시료를 자장이 걸려 있는 유리관을 통과시키면 철분이 자장에 끌리게 되어 큰 입자는 강한 자장을 받아 먼저 침전되고 작은 입자는 나중에 침전되므로 유리관의 두 지점에 침전되어 있는 양을 측정하면 철분 분포를 알 수 있다.

(나) 전체 입자의 양과 큰 입자와 작은 입자의 비를 자료로 얻을 수 있다.

(다) 이 자료를 분석하면 마모비의 변화를 알 수 있다.

(라) 철분 분포 측정을 정기적으로 시행하거나 연속적으로 자동 측정하면 기계 마모 상태를 계속적으로 알 수 있다.

(2) 철분 입도 분석

(가) 윤활유 시료를 자장이 걸려 있는 유리 경사판을 통과시키면 자성 물질은 자장과 중력에 의하여 끌리게 되어 큰 입자가 먼저 침전되고 작은 입자는 나중에 침전된다.

(나) 비자성 물질은 중력에 의해서만 끌리게 되어 더 천천히 침전되고 역시 무게에 의하여 분류된다.

(다) 침전된 유리판을 마이크로스코프에서 검사하여 입자의 크기, 모양, 색상 등을 알 수 있고 기계의 고장 상태에 대한 상세한 자료를 얻을 수 있다.

(라) 철분입도 분석으로 알 수 있는 사항은 다음과 같다.

① 마찰 마모는 표면결이 없거나 적은 편평한 판상 입자를 생성시킨다. 판상 입자는 길이 5미크론 두께 1미크론을 넘지 않는다. 파괴가 일어나는 기간 중에는 입자 길이가 15미크론을 넘게 되고 심각한 마모를 나타낸다.

② 미끄럼마모는 길이가 15미크론을 넘는 실 모양의 표면을 가진 입자를 생성시킨다. 그들은 열처리한 것 같은 색상을 보여 주는데 이것은 형성 도중의 열 영향 때문이다.

③ 절단 마모는 드릴링이나 선반 작업을 한 것 같은 모양의 입자를 생성시킨다.

④ 붉은 산화물 입자는 일반적으로 미끄럼 접촉 부위에 윤활이 부족함을 나타낸다. 두껍고 둥근 붉은 산화물 입자는 부식이 발생하고 있음을 나타낸다.

⑤ 검은 산화물 입자는 검은색이나 회색의 조약돌 모양을 하고 있다. 그들은 붉은 산화물 입자와 비슷한 상태를 나타내고 있으나 조금 더 심각한 상태이다.

8-16 시료 윤활유의 현장 시험

(1) 외관, 색, 냄새와 같이 간단하게 감각으로 느낄 수 있는 시험들로서 윤활유의 상태를 알 수 있다.

(2) 사용하지 않은 새 윤활유와 사용된 시료를 유리병이나 시험관에 담아 비교한다.

(3) 투명한 윤활유가 탁해지는 것은 산화 또는 어두운 색조의 반응물에 오염되었음을 나타낸다.

(4) 색이 검어지면서 톡 쏘는 냄새가 나고 윤활유의 점도가 증가되면 심각한 산화를 나타낸다.

(5) 시료 몇 방울을 120℃로 가열한 철판 위에 떨어뜨렸을 때 거품이 발생되며 탁탁 소리를 내면 수분 함량이 0.05% 이상 초과된 것을 나타낸다.

(6) 현장에서 사용되는 감각 시험들은 매우 주관적이어서 잘못된 결과를 초래할 수 있음에 유의한다.

제8장
윤활 제품의 성상 및 용도
-한국쉘석유(주)-

1. 일반 산업용 윤활유

1-1 기어 오일

(1) 성상

분류	제품 명	비중 (15/4℃)	동점도(cSt)		점도 지수	인화점 (℃)	유동점 (℃)
			40℃	100℃			
합성 베어링 및 기어 오일	Shell Omala Oil HD 150	0.877	150	21.7	163	238	−45
	Shell Omala Oil HD 220	0.881	220	28.3	160	250	−45
	Shell Omala Oil HD 320	0.883	320	35.4	159	252	−42
	Shell Omala Oil HD 460	0.879	460	50.0	170	264	−36
산업용 극압(EP) 기어 오일	Shell Omala Oil 68	0.881	68	8.93	104	230	−30
	Shell Omala Oil 100	0.887	100	11.20	100	250	−25
	Shell Omala Oil 150	0.890	150	14.91	99	250	−22.5
	Shell Omala Oil 220	0.894	220	19.40	98	250	−20
	Shell Omala Oil 320	0.898	320	23.75	94	250	−15
	Shell Omala Oil 460	0.906	460	30.12	95	250	−15
	Shell Omala Oil 680	0.932	680	36.19	89	250	10
PAG계 합성 기어 오일	Shell Tivela S 150	1.076	150	22.5	188	302	−42
	Shell Tivela S 220	1.074	220	34.4	203	298	−39
	Shell Tivela S 320	1.069	320	52.7	230	286	−39
	Shell Tivela S 460	1.072	460	73.2	239	308	−36

(2) 용도

(가) 합성 베어링 및 기어 오일

고하중, 온도 변화가 심한 광범위한 온도 개소에서 사용하는 밀폐식 산업용 감속 기어 시스템과 플레인 베어링, 롤링 베어링과 오일 순환식 시스템에 적용 가능

(나) 산업용 극압(EP) 기어 오일

산업용 극압 기어 오일로서 대부분 밀폐식 기어 장치에 사용하며 순환 급유, 비산 급유, 분무식 급유 등의 모든 급유 방식에 적용

(다) PAG계 합성 기어 오일

- 고하중, 초저온, 온도 변화가 심한 가혹한 조건에서 작동하는 밀폐식 산업용 감속기
- 고부하에서 작동하는 산업용 웜 기어
- Lubricated for life(반영구 사용) 개념의 시스템
- 고온에서 작동하는 베어링과 순환계 시스템에도 적합한 오일
- 평 및 롤러 베어링의 윤활

1-2 유압 작동유

(1) 성상

분류	제 품 명	비중 (15/4℃)	동점도(cSt)		점도 지수	인화점 (℃)	유동점 (℃)
			40℃	100℃			
난연성 유압 작동유	Shell Irus Fluid C	1.084	39.9	−	−	−	−45
내마모성 유압 작동유	Shell Tellus Oil 22	0.868	22	4.39	108	204	−37.5
	Shell Tellus Oil 32	0.871	32	5.47	106	230	−35
	Shell Tellus Oil 37	0.872	37	6.03	107	230	−35
	Shell Tellus Oil 46	0.875	46	6.91	106	232	−35
	Shell Tellus Oil 68	0.876	68	9.05	108	242	−32.5
	Shell Tellus Oil 100	0.882	100	11.86	108	248	−25
고청정 내마모성 유압 작동유	Shell Tellus 32(NAS 7)	0.870	32	5.50	106	220	−35.0
	Shell Tellus 46(NAS 7)	0.870	46	6.03	106	230	−35.0
	Shell Tellus 68(NAS 7)	0.872	68	9.05	108	240	−32.5
Zinc-Free 내마모성 유압 작동유	Shell Tellus Oil S 32	0.872	32	5.47	106	206	−30
	Shell Tellus Oil S 46	0.876	46	6.91	106	218	−30
	Shell Tellus Oil S 68	0.883	68	9.05	106	222	−30
고점도 지수 유압 작동유	Shell Tellus Oil T 15	0.871	15	3.7	145	170	−42.5
	Shell Tellus Oil T 32	0.872	32	6.1	145	210	−42.5
	Shell Tellus Oil T 37	0.871	37	6.8	145	220	−40
	Shell Tellus Oil T 46	0.872	46	7.9	145	225	−40
	Shell Tellus Oil T 68	0.877	68	10.5	145	225	−37.5
	Shell Tellus Oil T 100	0.899	100	14.0	145	225	−32.5

광범위 고점도 지수 유압 작동유	Shell Tellus Oil TX 68	0.887	68	12.54	180	190	−37.5
경제적 내마모성 유압 작동유	Shell Hydraulic Oil 32	0.867	32	5.50	109	220	−30.0
	Shell Hydraulic Oil 46	0.875	46	6.91	106	232	−30.0
	Shell Hydraulic Oil 68	0.877	68	8.88	104	240	−30.0
항공기용 고청정 유압 작동유	Aero Shell Fluid 41	0.870	14.1	5.3	382	106	<−60

(2) 용도

(가) 난연성 유압 작동유

- 제철 기계, 다이캐스팅머신, 용해로, 가열로, 자동 용접기 및 단조 기계 등의 화재 위험성이 있는 설비
- 유압 엘리베이터, 유압 프레스, 사출 성형기, 각종 진동 시험기, 공작 기계, 유압 로봇 등

(나) 내마모성 유압 작동유

- 각종 유압 자동 장치, 유압 제어 장치 및 베어링

(다) 고청정 내마모성 유압 작동유

- 공업용 로봇, 정밀 측정기기, 서보컨트롤 NC-머신, 철강 회사의 롤러컨트롤 등과 같이 고청정도를 요구하는 고정밀 유압 시스템 전용 오일

(라) Zinc-Free 내마모성 유압 작동유

- 산업용, 해상용 및 각종 유압 장비, 경중하중 기어 장치, 베어링 윤활 개소

(마) 고점도 지수 유압 작동유

- 광범위한 온도 조건에서 운전되는 유압 장치 및 제어 장치에 사용되도록 개발된 초고점도 지수 타입의 유압 작동유

(바) 광범위 온도용 고점도 지수 유압 작동유

- 극저온에서 저온까지 광범위한 온도 조건에서 운전되는 유압 작동 및 제어 장치에 사용되도록 개발된 초고점도 지수 타입의 유압 작동유

(사) 경제적 내마모성 작동유

- 각종 유압 장치, 베어링, 공작 기계의 기어 박스 등

(아) 항공기용 고청정 유압 작동유

- 항공기용 유압 장치, 고도의 정밀성과 높은 수준의 청정성이 요구되거나 −54℃ 정도의 저온에서 사용되는 각종 산업용 유압 장치, 가스 충진식 차단기, 냉동실에서 운전되는 팬 및 블로어의 베어링 윤활 등

1-3 압축기유

(1) 성상

분 류	제 품 명	비중 (15/4℃)	동점도(cSt)		점도 지수	인화점 (℃)	유동점 (℃)
			40℃	100℃			
왕복동식 압축기용 합성 오일	Shell Corena Oil AP 68	0.986	68	8.5	94	250	−50.0
	Shell Corena Oil AP 100	0.982	100	10.2	79	260	−40.0
회전형 압축기용 합성 오일	Shell Corena Oil AS 46	0.843	46	7.7	135	236	−45.0
	Shell Corena Oil AS 68	0.846	68	10.4	139	258	−45.0
왕복동식 압축기용 전용 오일	Shell Corena Oil P 68	0.892	68	7.96	−	235	−33.0
	Shell Corena Oil P 100	0.901	100	9.63	−	240	−33.0
	Shell Corena Oil P 150	0.902	150	12.1	−	240	−30.0
회전형 압축기용 전용 오일	Shell Corena Oil S 32	0.871	32	5.4	102	204	−35.0
	Shell Corena Oil S 46	0.874	46	6.9	105	210	−32.5
	Shell Corena Oil S 68	0.876	68	9.0	106	214	−32.5

(2) 용도

(가) 왕복동식 압축기용 합성 오일

- 토출 압력 30bar 이상, 압축 공기 토출 온도가 180℃ 이상의 조건에서 장기간 연속적으로 운전되는 산업용 왕복동 공기 압축기에 적용되는 오일
- 고온에서 낮은 증기압을 유지하므로 압축 공기 중의 오일 미스트 양을 최소화할 수 있어 효율용 공기 압축기에도 적합한 오일

(나) 회전형 압축기용 합성 오일

- 로터리 베인 스크류 타입의 공기 압축기에 적용되는 오일
- 다단 압축기와 같은 고온, 고압 조건에서도 우수한 산화 안정성과 내마모성이 요구되는 압축기에 사용되는 오일

(다) 왕복동식 압축기의 전용 오일

- 압축 공기 토출 온도가 180℃까지의 매우 높은 온도에서 사용할 수 있는 왕복동형 오일

(라) 회전형 압축기용 전용 오일

- 로터리 베인, 스크류 타입의 공기 압축기 오일

1-4 냉동기유

(1) 성상

분류	제품 명	비중 (15/4℃)	동점도(cSt) 40℃	동점도(cSt) 100℃	점도 지수	인화점 (℃)	유동점 (℃)	Flock point (℃)
고급 냉동기용 윤활유	Shell Clavus Oil G 46	0.902	46	5.6		210	−42	−50
	Shell Clavus Oil G 68	0.906	68	6.9		220	−40	−50
냉동기용 윤활유	Shell Clavus Oil 32	0.892	32	4.6	55	190	−37.5	
	Shell Clavus Oil 46	0.897	46	5.6	55	200	−37.5	
	Shell Clavus Oil 68	0.902	68	7.0	54	210	−35	
합성유계 냉동기용 윤활유	Shell Clavus AB Oil 68	0.871	68	6.2		190	−40.0	−60
	Shell Clavus AB Oil 100	0.869	107	7.7		200	−35.0	−60
폴리에스테르계 냉동기용 윤활유	Shell Clavus R Oil 68	0.991	66	8.8		230	−42.5	<−30
	Shell Clavus R Oil 100	0.984	94	10.7		230	−42.5	<−15

(2) 용도

(가) 고급 냉동기용 윤활유
- 모든 종류의 냉동 장치(가정, 산업, 공업용)와 에어컨디셔너의 압축기용 윤활유
- 저온 유동성을 요구하는 윤활 개소에도 사용

(나) 냉동기용 윤활유
- 나프텐계 냉동기용 윤활유 및 저온 유동성이 필요한 윤활 개소

(다) 합성유계 냉동기용 윤활유
- 개방식, 반개방식, 밀폐형 압축기(회전식 및 왕복식)에 적용이 가능하며 R134a 냉매를 제외한 R12(CFC), R22(HCFC), 이소부탄(HC), R717(암모니아) 냉매와 사용이 가능
- 암모니아 냉매와 R22 냉매에 대해서 고온과 저온 영역에서 사용되는 알킬벤젠계 압성 윤활유

(라) 폴리올 에스테르계 냉동기용 윤활유
- 오존층 파괴를 최소화할 수 있는 신냉매인 HFC 계열의 냉매(R134a, R23, R404a, R407, R507)를 사용하는 차량용 냉동기, 가정용 · 산업용 냉동 시스템, 식품 냉장 · 냉동기 시스템 및 이동식 · 고정식 에어컨에 적합한 합성 냉동기 오일
- 열 및 화학 안정성과 저온에서 유동성 및 내마모성이 좋다.

1-5 터빈유

(1) 성상

분류	제 품 명	비중 (15/4℃)	동점도(cSt)		점도 지수	인화점 (℃)	유동점 (℃)
			40℃	100℃			
고성능 터빈 오일	Shell Turbo Oil T 32	0.866	32	5.36	118	218	−15
	Shell Turbo Oil T 46	0.869	46	6.72	120	222	−15
	Shell Turbo Oil T 68	0.874	68	8.60	109	230	−12.5
	Shell Turbo Oil T 100	0.877	100	11.10	98	240	−12.5

(2) 용도

(가) 고성능 터빈 오일

- 발전용, 산업용, 선박용, 철도 차량용 증기 터빈이나 가스 터빈, 수력 터빈 등 각종 터빈용 윤활유
- 각종 압축기(특히 터빈 압축기), 기계의 베어링, 감속 기어 및 유체 커플링 등의 윤활
- 유압 장치 및 산화 안정성이 우수한 오일이 요구되는 개소

1-6 습동면유

(1) 성상

분류	제 품 명	비중 (15/4℃)	동점도(cSt)		점도 지수	인화점 (℃)	유동점 (℃)
			40℃	100℃			
고성능 공작기계 습동면 윤활유	Shell Tonna Oil S 68	0.879	68	8.6	105	225	−17.5
공작기계 습동면 윤활유	Shell Tonna Oil T 32	0.870	32	5.5	108	216	−30
	Shell Tonna Oil T 68	0.879	68	8.8	104	238	−30
	Shell Tonna Oil T 220	0.894	220	18.5	98	272	−15

(2) 용도

(가) 고성능 공작기계 습동면 윤활유

- 공작기계 테이블, feed mechanisms, 습동면(slide-way)용 윤활유
- 공작기계 내 주물이나 합성 수지 재질 등 모든 재질에 적용
- 공작기계의 유압 작동유, 기어 박스 등의 윤활유에 사용
- 슬라이드에 적용

(나) 공작기계 습동면 윤활유

- 공작기계의 습동면(slide-way) 윤활유
- T32는 경하중의 습동면 윤활에 이용, 공작기계 유압 작동유로 동시 사용 가능
- T68은 중·고하중의 습동면 윤활 및 공작기계 작동유로 동시 사용 가능
- T220은 고하중의 습동면 및 수직형 습동면에 사용하며 높은 점도를 요구하는 대형 장치에 적합

1-7 베어링유/스핀들유

(1) 성상

분 류	제 품 명	비중 (15/4℃)	동점도(cSt)		점도 지수	인화점 (℃)	유동점 (℃)
			40℃	100℃			
베어링 유	Shell Morlina Oil 5	0.857	5	−	−	70	−42.5
	Shell Morlina Oil 10	0.881	10	2.5	68	170	−40.0
	Shell Morlina Oil 32	0.869	32	5.4	108	220	−32.5
	Shell Morlina Oil 46	0.875	46	6.8	100	236	−27.5
	Shell Morlina Oil 150	0.887	150	15.0	95	262	−15.0
	Shell Morlina Oil 220	0.891	220	18.3	92	276	−15.0
	Shell Morlina Oil 320	0.897	320	25.0	96	282	−15.0
	Shell Morlina Oil 460	0.904	460	30.0	94	288	−15.0
	Shell Morlina Oil 680	0.910	680	37.0	80	300	−7.5
스팀 실린더 윤활유	Shell Valvata Oil 1000	0.929	1000	40.6	70	310	−5.0
순환 계통 기계유	Shell Vitrea Oil 32	0.868	32	5.4	100	222	−15.0
	Shell Vitrea Oil 68	0.881	68	8.8	95	224	−15.0
	Shell Vitrea Oil 100	0.877	100	11.2	95	226	−10.0
	Shell Vitrea Oil 220	0.887	220	19.2	95	250	−15.0
	Shell Vitrea Oil 320	0.891	320	24.6	95	254	−10.0
베어링 및 순환 계통 기계유	Shell Vitrea Oil M 150	0.882	150	−	95	−	−9
	Shell Vitrea Oil M 460	0.896	460	−	95	−	−6
	Shell Vitrea Oil M 680	0.91	680	−	91	−	−10

(2) 용도

(가) 베어링유

- 극압성이 요구되지 않는 제지 및 제철 산업의 오일 윤활식 평 베어링 및 구름 베어링, 롤넥(roll neck) 베어링 및 하중이 비교적 낮은 밀폐식 기어 박스에 사용하며, 특수 목적의 유압유로도 사용 가능

(나) 스팀 실린더 윤활유

- 고온, 고압 상태에서 운전되는 각종 증기 기관의 실린더 윤활
- 저속, 중하중으로 운전되는 기어
- 고온, 중하중을 받는 각종 베어링, 운전 온도가 높아 높은 점도의 오일을 필요로 하는 경우
- 순광유로서 카본 생성 경향이 적고, 양호한 수분리성을 필요로 하는 경우

(다) 순환 계통 기계유

- 온도 및 하중 조건이 극심하지 않은 곳에 사용
- 웜 기어를 비롯하여 각종 기어를 사용한 밀폐식 기어 박스, 평 베어링 및 구름 베어링에 사용
- 순광유가 추천된 곳에 한함

(라) 베어링 및 순환 계통 기계유

- 롤넥 베어링, 평 베어링, 구름 베어링과 같은 산업용 고하중 베어링 및 순환계 시스템에 적합
- 각종 기어를 사용한 밀폐식 스퍼 기어, 헬리컬 기어, 베벨 기어, 웜 기어 박스, 평 베어링 및 구름 베어링에 사용
- 순광유가 추천된 곳에 한함

1-8 열 매체유

(1) 성상

분 류	제 품 명	비중 (15/4℃)	동점도(cSt)		점도 지수	인화점 (℃)	유동점 (℃)
			40℃	100℃			
열 매체유	Shell Thermia Oil B	0.875	32	5.4	104	220	−15
	Shell Thermia Oil E	0.908	140	10.9	45	230	−25

(2) 용도

(가) 열 매체유

- 320℃까지 운전되는 각종 밀폐식 순환 간접 가열 방식의 열 매체 장치에 사용
- 염색 공장의 텐터기(tenter machine), 아스팔트 가열로 등 용도가 광범위

1-9 기타

(1) 성상

분 류	제 품 명	비중 (15/4℃)	동점도(cSt)		점도 지수	인화점 (℃)	유동점 (℃)
			40℃	100℃			
시스템 세척유	Shell Flushing Oil	0.865	32	5.5	104	220	−5

(2) 용도

(가) 시스템 세척유
- 장비(유압 작동 장치, 엔진, 기어 박스, 터빈 등)의 내부에 있는 각종 이물질을 제거, 세척하는 데 사용

2. 금속 가공용 윤활유

2-1 수용성 절삭유

(1) 성상

분 류	제 품 명	비중 (15/4℃)	pH	원액 외관	유화액 외관	IP 287	추천 비율(%)	굴절 지수
광범위 수용성 절삭유	Shell Dromus Oil B	0.894	9.0	불투명 황갈색	불투명 유유색	25:1	5~12	1.0
초경 공구 전용 연삭유	Shell Metalina BY 2211	1.100	9.0	반투명	투명 미황색	20:1	3~5	1.5
연삭 전용 수용성 연삭유	Shell Metalina D 200	1.090	9.4	투명	미색투명	25:1	−	−
Al, 반합성계 수용성 절삭유	Shell Sitala D 3403.01	0.960	8.9	황갈색	반투명 유백색	20:1	−	−
주물, 일반강용 수용성 절삭유	Shell Adrana D 208	1.020	9.3	황색	반투명	25:1	5~8	−
중절삭용 수용성 절삭유	Shell Adranan D 601.08	1.020	9.25	반투명	반투명 유백색	25:1	−	−

(2) 용도

(가) 광범위 수용성 절삭유

- 일반강 및 알루미늄, 동합금, 비철금속 재질 등 광범위한 절삭 조건에 적용
- Turning, Drilling, Milling, Boring, Cold Sawing 등의 절삭용
- 다축 가공이나 다양한 가공 소재 가공용

(나) 초경 공구 전용 연삭유

- 초경 바이트나 공구 연삭에 전용으로 사용됨
- 비철금속용 연마 시 적용
- 우수한 세척력과 방청성을 요구하는 연삭 공정

(다) 연삭 전용 수용성 연삭유

- 철금속, 합금강, 고경도 주물, 일반강 등 광범위한 연삭 조건에 적용
- 중 · 저장력강의 센터리스 연삭, 원통 연삭 및 평면 연삭유로 사용
- 우수한 세척력과 방청성을 요하는 연삭 공정

(라) Al, 반합성계 수용성 절삭유

- 절삭 시 뜯김 현상이 많은 황동, 청동, 알루미늄 등의 연재질의 고난삭 공정
- 일반 선반이나 드릴 작업뿐 아니라 중 · 고장력강의 난삭 공정인 탭 작업 및 앤드밀 작업에 사용
- 고속 및 정밀한 조도를 요구하는 극압 윤활 조건

(마) 주물, 일반강용 수용성 절삭유

- 고경도 주물, 일반강, 다이캐스팅 알루미늄 등 광범위한 절삭 조건에 적용
- 중 · 저장력강의 선반, 드릴 작업에서 탭 및 앤드밀 작업에 사용
- 우수한 세척력과 높은 윤활성이 요구되는 공정

(바) 중절삭용 수용성 절삭유

- 일반강에서 인성과 경도가 높은 난삭 재질까지 사용
- 선반 등 일반 절삭에서 기어 가공, 브로칭 등 정밀 연삭 작업에도 사용
- 스테인리스강, 인코넬강, 내열처리강, 내식강 등 인성이 강한 재질에 적용

2-2 비수용성 절삭유

(1) 성상

분류	제품 명	비중 (15/4℃)	동점도(cSt)		유동점 (℃)	인화점 (℃)	색 ASTM	동판 부식
			40℃	100℃				
헤비듀티급 비수용성 절삭유	Shell Garia M 22	0.895	22.0	4.48	−25	160	L2.0	4C
BTA 심혈 드릴용 비수용성 절삭유	Shell Garia 404 M	0.895	10.6	2.61	−40	154	L1.5	4A
중절삭용 비수용성 절삭유	Shell Garia 405 M 22	0.875	21.5	4.3	−15	192	L1.5	4A
밝은색 중절삭용 비수용성 절삭유	Shell Garia CX	0.875	30.8	5.6	−15	200	L1.0	3B
호닝 전용 비수용성 절삭유	Shell Macron 205 M 5	0.853	4.50	1.58	−30	142	L0.5	1A
기어 전용 비수용성 연삭유	Shell Macron 2425 S 8	0.842	8.2	2.62	−40	170	L0.5	−
	Shell Macron 2425 S 14	0.880	14.3	3.24	−17.5	174	L1.0	−
초경공구 전용 비수용성 절삭유	Shell Macron 2429 S 8	0.835	8.5	2.55	−40	175	L1.0	−
비철합금강용 비수용성 절삭유	Shell Macron 401 F 32	0.874	30.6	5.44	−15	218	L1.5	1A
	Shell Macron 401 F 22	0.872	22.4	4.4	−15	210	L1.0	1A
비철금속용 비수용성 절연삭유	Shell Macron HX 10	0.852	12.0	3.9	−30	168	L1.0	1B

(2) 용도

(가) 헤비 듀티급 비수용성 절삭유

- 고장력강 및 중탄소강, 중고합금강의 중절삭 조건에 적용
- 브로칭, 전조, 탭핑 및 호빙용
- 깊은 구멍 보링용 및 선반, 밀링, 드릴 작업용

(나) BTA 심혈 드릴용 비수용성 절삭유

- 고장력강 및 중탄소강, 고합금강의 중절삭 조건에 적용
- 브로칭, 전조, 탭핑, 호빙 및 고난삭 가공용
- Garia 601M과 Garia 405M의 중간 절삭 성능

(다) 중절삭용 비수용성 절삭유

- 고장력강 및 중탄소강, 고합금강의 중절삭 조건에 적용
- 선반, 밀링, 드릴 작업, 브로칭, 전조, 탭핑, 호빙 등의 절삭
- Garia C와 Garia 404TC의 중간 절삭 성능

(라) 밝은색 중절삭용 비수용성 절삭유

- 고장력강, 고탄소강, 스테인리스강 등과 주물, 일반강 등 광범위한 절삭
- 선반, 밀링, 드릴 작업, 브로칭, 전조, 탭핑, 호빙 등의 절삭

(마) 호닝 전용 비수용성 절삭유

- 비철금속, 중·고장력강, 내열 처리강 드의 다양한 재질에 적용
- 유리, 수정, 세라믹 등 소재에도 적용
- 내면 호닝, 래핑 등 미세 연마 공정에 적용

(바) 기어 전용 비수용성 연삭유

- 자동차용 기어나 산업용 기어 가공 시 연삭 공정에 적용
- 고속도강 공구의 연삭 시에도 적용
- 비철금속 및 철금속의 절삭 공정으로 사용

(사) 초경공구 전용 비수용성 절삭유

- 초경이나 고속도강 공구 제작 시 연삭 공정에 적용
- 고속 절삭이나 고속 연삭에 적용
- 경한 비철금속이나 유리, 수정 절삭 등에 적용

(아) 비철합금강용 비수용성 절삭유

- 비철 금속 및 공구 함금강에 이르기까지 다양한 재질에 적용
- 공작 기계의 유압유 또는 기어 오일로도 사용 가능

(자) 비철금속용 비수용성 절연삭유

- 비철금속, 중장력강 등의 다양한 재질에 적용
- 부식 문제로 수용성 절삭유를 대체하기 원하는 곳
- 범용 선반, 드릴링 머신, 연삭기 등에 적용

2-3 방전 가공유

(1) 성상

분류	제품명	비중 (15/4℃)	동점도(cSt)		유동점 (℃)	인화점 (℃)	색 ASTM	동판 부식
			40℃	100℃				
고성능 방전 가공유	Shell EDM Fluid 2	0.8018	2.4	−	−25	107	L0.5	1A
	Shell EDM Fluid 110	0.791	2.2	−	−25	120	L0.5	1A

(2) 용도

(가) 고성능 방전 가공유

- 고전압 방전 가공기에 사용되며 고도 정제된 파라핀계 저점도 오일로서 초정밀 가공에 사용, 다른 호닝, 래핑 공정에도 적용할 수 있음
- 독성과 냄새가 없고, 산화 안정성이 우수하며 사용 기간이 길다.

2-4 열처리유

(1) 성상

분 류	제 품 명	비중 (15/4℃)	동점도(cSt)		특성 온도	냉각초수 (800~ 400℃)초	유동점 (℃)	인화점 (개방식)℃
			40℃	100℃				
고성능 열처리 오일	Shell Voluta Oil C 205	0.855	28.5	5.1	525	4.45	−15	220
	Shell Voluta Oil C 300	0.873	24.8	4.5	600	3.5	−15	220
	Shell Voluta Oil C 400	0.875	29.4	4.04	625	2.7	−15	190

(2) 용도

(가) 고성능 열처리 오일

- Shell Voluta Oil C 205는 Ms Point(마텐사이트 생성점)이 비교적 높은 재질에 적용하며 휘발성이 낮고 산화 방지성, 슬럿지 생성 억제성, 점도 상승 방지성이 우수한 일반 담금질 오일
- Shell Voluta Oil C 300, 400은 고속 담금질 오일로 탄소강 재질에 적합하며 높은 담금질 경도를 얻을 수 있다.

2-5 소성 가공유

(1) 성상

분 류	제 품 명	비중 (15/4℃)	동점도(cSt)		유동점 (℃)	인화점 (℃)	색 ASTM
			40℃	100℃			
단조용 가공유	Shell Fenella D 805 C	1.10	82.0	9.200	−15	204	L2.0
확관 오일	Shell Fim stock RF−190(N)	0.788	1.9	−	<−60	78	−

(2) 용도

(가) 단조용 가공유

- 강인하고 높은, 다양한 두께의 철금속에 적용
- fine blanking, drawing, heavy duty급 pressing 공정에 적용

(나) 확관 오일

- 알루미늄 핀과 동파이프 소재를 가공하는 오일로 특수 제조된 휘발성 소성 가공유
- 1.9cSt 점도의 물과 같은 점성을 지닌 오일로 알루미늄 핀재를 고속 타발할 때 punch와 die를 보호한다.

2-6 특수 윤활 방청유

(1) 성상

분류	제품 명	비중 (15/4℃)	동점도(cSt)		유동점 (℃)	인화점 (개방식℃)	색 ASTM
			40℃	100℃			
자동차 및 전자부품 가공용 윤활 방청유	Shell Ensis PL 1608/10	0.883	10	–	-10	150	맑은 갈색
	Shell Ensis PL 1608	0.912	65	–	0	205	갈색

(2) 용도

(가) 자동차 및 전자부품 가공용 윤활 방청유

- 저장, 운송 시 부식을 방지하기 위해 냉간 압연 sheet강이나 coated 스트립에 Drawing 공정을 적용할 수 있는 특수 다목적 방청유
- roll transfer, drip feed 또는 정전기 스프레이 방식으로 적용하는 오일형 방청유로 사용량은 1.5~2.5g/㎡으로 적은 양으로 사용

3. 식품 산업용 윤활유

3-1 식품 산업용 윤활유

(1) 성상

분류	제 품 명	비중 (15/4℃)	동점도(cSt)		점도 지수	인화점 (℃)	유동점 (℃)	FZG Gear Test(DIN)
			40℃	100℃				
식품 제조 장비용 기어오일	Cassida GL 150	0.845	150	18.9	143	268	−55	Stage 12
	Cassida GL 220	0.847	220	25.0	143	276	−47.5	Stage 12
식품 제조 장비용 유압유	Cassida HF 15	0.819	15	3.6	125	220	<−60	N/A
	Cassida HF 32	0.832	32	6.1	141	248	<−60	N/A
	Cassida GL 46	0.836	46	7.9	143	248	<−60	Stage 12
	Cassida GL 68	0.840	68	10.6	144	276	<−60	Stage 12

(2) 용도

(가) 식품 제조 장비용 기어 오일

- 식품 산업용 장비의 밀폐형 기어 박스
- 식품 포장 용기 생산 장비

(나) 식품 제조 장비용 유압유

- 유압 시스템, 평 베어링 및 내마모성 베어링
- 경하중용 기어 박스 및 일반 윤활 개소
- 오일 순환 시스템

4. 선박용 윤활유

4-1 선박용 윤활유

(1) 성상

분류	제 품 명	비중 (15/4℃)	동점도(cSt)		점도 지수	인화점 (℃)	유동점 (℃)	전염기가 (mgKOH/g)
			40℃	100℃				
피스톤식 디젤 엔진 오일	Shell Gadinia 30	0.897	104.0	11.8	100	>220	−	12
	Shell Gadinia 40	0.900	139.0	14.4	100	>220	−	12
선박용 엔진의 시스템 오일	Shell Melina Oil 30	0.897	104.0	11.8	102	>200	−18	8
저속 엔진의 시스템 오일	Shell Melina S Oil 30	0.888	104.0	11.6	102	>200	−18	5

피스톤식 디젤 엔진 오일	Shell Argina S oil 30	0.906	104.0	11.8	102	>200	−18	20
	Shell Argina S oil 40	0.909	139.0	14.9	102	>200	−18	20
	Shell Argina T oil 30	0.918	110.0	12.0	100	>200	−18	30
	Shell Argina T oil 40	0.921	135.0	14.0	100	>200	−18	30
	Shell Argina X oil 40	0.916	135.0	14.0	102	>200	−18	40
저속 엔진의 실린더 오일	Shell Alexia Oil 50	0.932	225.0	19.5	>95	>220	<−6	70
저속 엔진의 특수 실린더 오일	Shell Alexia Oil LS	0.925	211.0	19.5	100	>220	−6	40

(2) 용도

(가) 피스톤식 디젤 엔진 오일

- 쉘 가디니아 오일은 유황 함량 1.0%까지 distillate fuil을 연료로 사용
- 압축비가 높은 고속 및 중속의 트렁크 피스톤형 디젤 엔진 오일
- 주기관과 발전기 등의 보조 기관용으로 사용되는 다목적 윤활유
- 작은 섬프를 가지는 어선의 소형 고속 엔진에 적합

(나) 선박용 엔진의 시스템 오일

쉘 멜리나 오일은 저속 디젤 엔진의 시스템 및 크랭크 케이스, 다양한 형식의 엔진과 선박 기계에 사용

(다) 저속 엔진의 시스템 오일

쉘 멜리나 S는 저속 디젤 엔진의 시스템 및 크랭크 케이스 이외에도 스턴튜브, 과급기 베어링, 감소 기어, 공기 압축기, 각종 펌프류의 베어링에 사용

(라) 피스톤식 디젤 엔진 오일

쉘 아지나 오일은 고유황 중질유를 연료로 사용하는 선박용 중속 트렁크 피스톤식 디젤 엔진에 적합한 크랭크 케이스 윤활유

(마) 저속 엔진의 실린더 오일

- 쉘 알렉시아 오일 50은 유황 함량 1.5% 이상의 residual fuil을 연료로 사용하는 저속 크로스헤드형 디젤 엔진의 실린더 오일
- 고압, 고온, 저속 선박용 엔진에 적합

(바) 저속 엔진의 특수 실린더 오일

쉘 알렉시아 오일 LS는 유황 함량 2.0% 이하의 residual fuil을 연료로 사용하는 저속 크로스헤드형 디젤 엔진을 위한 40BN, SAE 50의 실린더 오일

5. 산업용 그리스

5-1 그리스

(1) 성상

분류	제 품 명	중주제	혼화 주도 (25℃)	적점 (℃)	사용 온도 범위 (℃)
고온/저속 베어링용 그리스	Shell Darina Grease R 2	클레이	265~295	무적점	−10/+200
일반 산업용 다목적 그리스	Shell Multiservice Grease EP2	리튬	265~295	195	−20/+120
고온 장수명 문제 해결 그리스	Shell Stamina Grease EP2	폴리우레아	265~295	260	−20/+160
고온 장수명 특수 그리스	Shell Stamina Grease RL 0	폴리우레아	355~385	260	−20/+150
	Shell Stamina Grease RL 1	폴리우레아	310~340	270	−20/+150
	Shell Stamina Grease RL 2	폴리우레아	265~295	280	−20/+150
저온용 극압 그리스	Shell Alvania Grease 0762	리튬	265~295	190	−40/+120
산업용 다목적 극압 그리스	Shell Alvania Grease EP(LF)00	리튬	450~430	150	−20/+110
	Shell Alvania Grease EP(LF) 0	리튬	355~385	175	−20/+110
	Shell Alvania Grease EP(LF) 1	리튬	310~340	185	−20/+110
	Shell Alvania Grease EP(LF) 2	리튬	255~295	190	−20/+120
	Shell Alvania Grease EP(LF) 3	리튬	220~250	190	−20/+120
산업용 다목적 그리스	Shell Alvania Grease RL 1	리튬	310~340	185	−20/+120
	Shell Alvania Grease RL 2	리튬	265~295	190	−20/+120
	Shell Alvania Grease RL 3	리튬	220~250	190	−20/+130
고품질 고온 산업용 그리스	Shell Albida Grease EP 1	리튬 콤플렉스	310~340	255	−20/+150
	Shell Albida Grease EP 2	리튬 콤플렉스	265~295	255	−20/+150
몰리브덴 함유 산업용 그리스	Shell Albida Grease HDX 2	리튬 콤플렉스	265~295	255	−20/+150
반유동성 합성계 기어 그리스	Shell Tivela GL 00	리튬	400~430	188	−30/+130

(2) 용도

(가) 고온/저속 베어링용 그리스

쉘 다리나 그리스 R2는 고온에서 저속으로 회전되는 구름 베어링 및 평 베어링용 그리스로서, 리튬비누기 그리스의 사용 한계를 넘는 윤활 조건에서 사용되며, 합성유 또는 실리콘 그리스의 경제적인 대체품으로도 사용될 수 있다.

(나) 일반 산업용 다목적 그리스

쉘 멀티 서비스 그리스 EP는 일반적인 산업용 윤활 개소에 다목적으로 사용할 수 있는 리튬비누기 그리스이다.

(다) 고온 장수명 문제 해결 그리스

쉘 스타미나 그리스 EP2는 주로 제철, 제지 및 시멘트 산업의 각종 특수한 윤활 조건에서 문제 해결 그리스로서 특히, 고온 고하중 및 물 접촉이 많은 베어링(열연, 연주 및 제지 설비 등), 롤밀, 전기 모터, 송풍기, 건설 중장비 등에 사용된다.

(라) 고온 장수명 특수 그리스

쉘 스타미나 그리스 RL은 윤활성이 탁월하며 사용 수명이 긴 폴리우레아계 그리스로서 물 접촉이 많고 사용 온도가 높은 제철소의 연주 설비, 제지 기계 등의 산업체에 많이 사용되며, 고온 장수명이 요구되는 전동기 베어링, 블로워 및 내수성이 요구되는 굴삭기의 요크 등에 사용된다.

(마) 저온용 극압 그리스

쉘 알바니아 그리스 0769는 저온 극압 그리스로서 저온 성능과 극압 성능이 우수하고, 그리스의 비산으로 인한 소음 감소 효과가 있다. 따라서 저온 특성을 요구하는 각종 장비 및 냉동 창고의 지게차 등에 사용된다.

(바) 산업용 다목적 극압 그리스

쉘 알바니아 그리스 EP(LF)는 극압용 그리스로서 큰 하중을 받는 베어링과 산업용 기계 설비 등의 윤활에 적합하며 특히 제철 설비, 제지 설비, 광산 장비 및 건설 중장비 등 내수성, 마모 방지 성능과 내하중성이 요구되는 윤활 개소에 사용된다.

(사) 산업용 다목적 그리스

쉘 알바니아 그리스 RL은 고급 범용 그리스로서 비교적 저하중을 받는 윤활 조건의 구름 베어링이나 평 베어링에 사용된다. 또한 전동기 베어링이나 워터펌프 베어링의 윤활에 적합하다.

(아) 고품질 고온 산업용 그리스

쉘 알비다 그리스 EP는 내열성이 우수한 장수명의 그리스로서 광산, 제철, 제지, 시멘트, 고무 및 기타 산업체의 내열, 내하중성이 요구되는 볼, 롤러, 평 베어링 개소에 적합하다. 또한 제철 산업의 연주 공정, 진동 스크린 및 롤러 컨베이어 개소에도 사용된다.

(자) 몰리브덴 함유 산업용 그리스

쉘 알바다 그리스 HDX는 내열 성능이 우수한 중하중용 그리스로서 충격 하중과 고온 개소에 노출된 베어링의 윤활제로 적합한 그리스이다. 대표적인 적용 개소는 광산 분쇄, 스크린 장비의 베어링이다.

(차) 반유동성 합성계 기어 그리스

반유동성 합성계 기어 윤활제로서 장수명 기어 윤활의 요구 성능을 만족시키 고 산업용 소형 기어 박스와 웜 기어에 적합한 그리스이다.

부 록

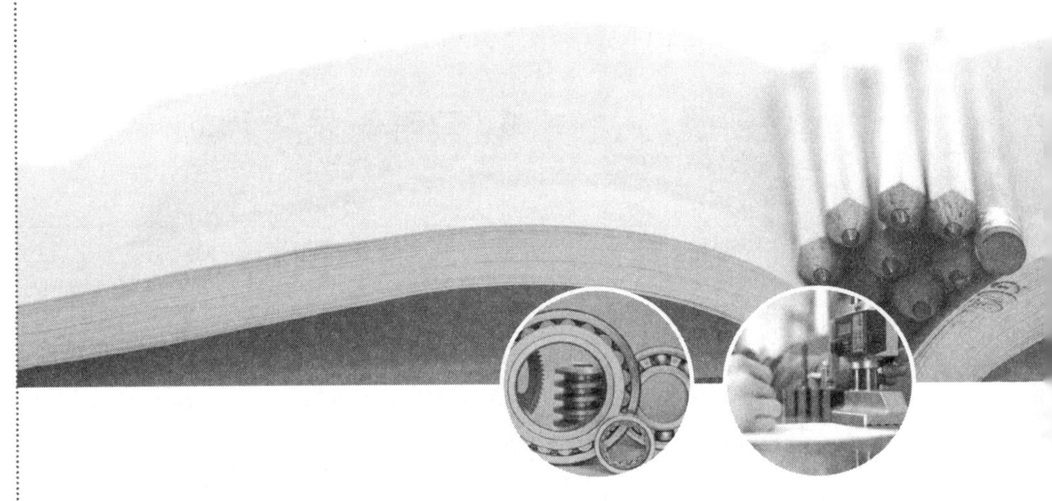

1. 그리스 문자 기호와 SI 단위계

2. 윤활 용어 해설

3. 국가기술 자격시험을 위한 핵심이론

그리스 문자 기호와 SI 단위계

1. 그리스 문자 기호

소문자	대문자	발 음	소문자	대문자	발 음
α	A	알파(alpha)	ν	N	뉴-(nu)
β	B	베타(beta)	ξ	Ξ	크사이(xi)
γ	Γ	감마(gamma)	o	O	오미크론(omicron)
δ	Δ	델타(delta)	π	Π	파이(pi)
ε	E	잎시론(epsilon)	ρ	P	로우(rho)
ζ	Z	제-타(zeta)	σ	Σ	시그마(sigma)
η	H	이-타(eta)	τ	T	타우(tau)
θ	Θ	세-타(theta)	υ	Υ	윕실론(upsilon)
ι	I	이오타(iota)	φ	Φ	빠이(phi)
κ	K	카파(kappa)	χ	X	카이(chi)
λ	Λ	람다(lambda)	ψ	Ψ	싸이(psi)
μ	M	뮤-(mu)	ω	Ω	오메가(omega)

2. SI 단위계의 분류

SI 단위계				
SI 단위				접두사
기본 단위	보충 단위	유도 단위		
7개	2개	특별 명칭 19개	불특정 다수	십진법 20개
m, kg, s, A K, mol, cd	rad sr	Hz, N, Pa, J, W C, V, F, Ω, S Wb, T, H, ℃ lm, lx, Bq, Gy Sv		m, c, d, da, h, k y, z, a, f, p, n, u M, G, T, P, E, Z, Y

3. SI 기본 단위와 보충 단위

SI 단위	양	단 위	
		길 이	기 호
기본 단위	길 이	미터	m
	질 량	킬로그램	kg
	시 간	초	s
	전 류	암페어	A
	온 도	켈빈	K
	물질량	몰	mol
	광 도	칸델라	cd
보충 단위	각 도	라디안	rad
	입체각	스테라디안	sr

4. 특별한 명칭을 가진 유도 단위

양	단 위		
	명 칭	기 호	정 의
주파수	헤르츠	Hz	s^{-1}
힘	뉴턴	N	$m \cdot kg \cdot s^{-2}$
압력, 응력	파스칼	Pa	N/m^2
에너지, 일, 열량	줄	J	$N \cdot m$
일률, 복사속	와트	W	J/s
전하, 전기량	쿨롬	C	$A \cdot s$
전위, 전위차, 기전력	볼트	V	W/A
전기 용량	패럿	F	C/V
전기 저항	옴	Ω	V/A
전기 전도도	지멘스	S	A/V
자력선속	웨버	Wb	$V \cdot s$
자력선속밀도	테슬러	T	Wb/m^2
인덕턴스	헨리	H	Wb/A
섭씨 온도	섭씨도	℃	주 10)
광속	루멘	lm	$cd \cdot sr$
조도	럭스	lx	lm/m^2
방사능	베크렐	Bq	s^{-1}
흡수선량	그레이	Gy	J/kg
선량당량	시버트	Sv	–

5. 잠정적 사용 단위

분 류	양	단 위		
		명 칭	기 호	정 의
SI와 함께 사용 단위	시 간	분	min	60s
		시	h	3,600 s
		일	d	86,400 s
	각 도	도	°	$\dfrac{\pi}{180}\,rad$
		분	′	$\dfrac{\pi}{10800}\,rad$
		초	″	$\dfrac{\pi}{648000}\,rad$
	체 적	리터	ℓ, L	$10^{-3}\ \mathrm{m}^3$
	질 량	톤	t	$10^3\ \mathrm{kg}$
		원자 질량 단위	u	
	에너지	전자 볼트	eV	
잠정적인 사용 단위	길 이	옹스트롬	Å	10^{-10}
		해리		1.852 m
	면 적	아르	a	$10^2\ \mathrm{m}^2$
		바안	b	$10^{-28}\ \mathrm{m}^2$
	속 도	노트	Kt	$\dfrac{1.852}{3600}$ m/s
	가속도	갈	Gal	$10^{-2}\ \mathrm{m/s}^2$
	압력	바아	bar	$10^5\ \mathrm{Pa}$
	방사능	퀴리	Ci	$3.7\times10^{10}\mathrm{Bq}$
	조사선량	뢴트겐	R	$2.58\times10^{-4}\mathrm{C/kg}$
	흡수선량	래드	rad, rd	$10^{-2}\mathrm{Gy}$
	선량당량	렘	rem	$10^{-2}\mathrm{Sv}$

6. 접두사의 변천

접두사는 처음 6개였으나 현재 20개가 된다.

1795년					
밀리	센티	데시	데카	헥토	킬로
m	c	d	da	h	k
10^{-3}	10^{-2}	10^{-1}	10^{1}	10^{2}	10^{3}

1991년		1964년		1960년			1960년			1975년		1991년	
욕토	젭토	아토	펨토	피코	나노	마이크로	메가	기가	테라	페타	엑사	제타	요타
y	z	a	f	p	n	u	M	G	T	P	E	Z	Y
10^{-24}	10^{-21}	10^{-18}	10^{-15}	10^{-12}	10^{-9}	10^{-6}	10^{6}	10^{9}	10^{12}	10^{15}	10^{18}	10^{21}	10^{24}

윤활 용어 해설

경계 윤활 (boundary lubrication)

윤활유의 얇아진 유막으로 국부적인 금속 접촉이 발생하는 윤활 상태를 말한다. 이때의 마찰은 점도와는 관계없고 얇은 유막의 전단과 금속 접촉점의 전단 요소에 좌우된다. 이때의 마찰계수는 0.01~0.1 정도이다.

광유 (mineral oil)

원유를 정제하여 얻을 수 있는 석유계 오일의 총칭을 의미한다.

극압 윤활 (extreme pressure lubrication)

두 개의 윤활면이 윤활유에 의해 완전히 분리되지 않고, 빈번하게 금속 대 금속이 접촉하게 되는 윤활 상태를 말하며, 금속과 금속의 접촉에 의한 마모 및 소부 현상을 방지하기 위해 극압 첨가제가 필요한 윤활 상태이다.

기유 (base oil)

윤활유 제품의 대부분을 차지하는 기초 원료로서 원유로부터 정제 공정을 거쳐 제조하는 광유와 합성 공정을 통해 제조하는 합성유로 분류된다.

기포성 (foaming characteristics)

윤활유의 기포 발생 정도를 평가하는 시험이며, 기포도(foaming tendency)란 규정 온도에서 5분간 공기를 불어넣은 직후의 거품량(ml)을 말하며, 기포 안정도(foaming stability)란 기포도 측정 후 10분간 방치한 후의 거품량(ml)을 말한다.

동점도 (kinematic viscosity)

cSt라는 단위로 표시되며, 측정 온도는 ISO 점도 분류에 의해 40℃, 100℃ 이다. 동점도란 점도를 그 액체의 동일 상태(온도, 압력)에 있어서의 밀도로 나눈 값을 말한다.

동판 부식 (copper corrosion)

오일 중에 함유되어 있는 부식성 물질로 인한 금속의 부식 여부에 관한 시험이다.

발화점(fire point)

윤활유를 인화점 이상으로 계속 가열하면 증기 발생이 많아지고, 이때 점화하여 불꽃이 5초 이상 지속되는 온도를 의미한다.

백토 처리(clay treatment)

산성 백토, 활성 백토를 흡착체로 사용하여 윤활유의 탈색, 탈취, 안정성의 향상을 목적으로 한 정제법이다.

불용해분(insolubles)

윤활유의 오랜 시간 동안 사용할 경우 솔벤트 등의 용제에 녹지 않는 물질들을 불용해성 물질이라 하며, 불용해성 물질의 양을 알기 위해서는 펜탄 또는 벤젠을 용제로 사용하여, 이들 용제에 녹지 않는 물질의 총량으로 구한다.

불혼화주도(unworked penetration)

25 ± 0.5℃의 시험 온도에서 혼화하지 않은 상태로 측정한 주도를 의미하며, 그리스 생산 후 용기에 담겨 있는 상태는 바로 불혼화주도를 나타낸다.

비중(specific gravity)

비중은 성능과는 직접 관계되지 않으나 규정의 오일 파악 및 중량 환산 시 사용된다. 15℃에 있어서 부피 시료의 질량과 이와 같은 부피 4℃에 있어서의 물의 질량과의 비를 말하며, 15/4℃의 값으로 표시한다.

산화 안정도(oxidation stability)

윤활유의 산화 안정도 시험은 내산화 정도를 평가하는 방법으로서 윤활유를 일정 조건(온도, 시간, 촉매)에서 산화시킨 후 신유와의 점도비, 전산가 증가, 래커 부착 여부를 비교 측정한다.

색(color)

정제도를 확인하는 시험으로 정제가 고도로 행하여짐에 따라 색은 무색에 가까워지며 윤활유의 색은 비색계에 의하여 측정된다.

아닐린점(aniline point)

탄화수소 화합물의 아로마틱 성분을 측정하는 시험으로 일반적으로 기유(base iol)의 용해도를 평가하는 기준으로 활용된다.

압연유(rolling oil)

금속을 압연 가공할 때 롤의 냉각 및 롤과 압연재의 윤활을 목적으로 사용되며 동물유, 식물유, 광유에 첨가제를 가한 윤활유이다.

압축기유 (compressor oil)

압축기 내부 윤활용으로 사용되는 오일. 압축기의 종류, 압축 가스, 윤활 방식, 운전 조건 등에 따라 각종 윤활유가 사용된다.

에스테르가 (ester value)

시료 1g 중에 포함되어 있는 에스테르를 검화할 때 요구되는 수산화칼륨의 mg수.

유동점 (pour point)

윤활유를 저어 주지 않고 규정된 방법으로 냉각하였을 때, 오일이 유동하는 최저의 온도를 말하며 극냉지에서 오일의 사용 유무와 저장 및 공급을 결정하는 데 있다.

유체 윤활 (full film lubrication)

완전 윤활 또는 이상 윤활이라고도 하며, 두 개의 윤활면이 윤활유에 의해 완전히 분리되어 금속 대 금속의 접촉이 발생하지 않는 윤활 상태를 말한다.

유화 (emulsion)

윤활유가 수분과 혼합하여 유화액을 만드는 현상을 말한다.

이유도 (oil separation)

그리스를 장기간 저장할 경우 또는 사용 중에 그리스를 구성하고 있는 오일이 분리되는 현상을 말한다.

인화점 (flash point)

오일을 규정 온도로 가열하여 발생한 증기에 불꽃을 접근시키면 순간적으로 불이 붙는 온도를 말한다.

잔류 탄소분 (carbon residue)

오일을 공기가 부족한 상태에서 불완전 연소시켜 열분해한 후에 생기는 코크스 상태의 탄화 잔유물을 말하며, 윤활유의 정제도와 밀접한 관계가 있다.

적점 (dropping point)

그리스가 고온에서 액화하여 적하되기 시작할 때의 최저 온도로 내열성을 나타낸다. 일반적으로 190~200℃ 정도이며 특수한 증주제를 사용한 경우에는 250℃ 이상이다.

전산가 (total acid number)

TAN으로 표시하며 시료 1g 중에 함유되어 있는 모든 산성 성분을 중화하는 데 소요되는 KOH의 mg수로서, 윤활유 성분 중 산성 물질의 양을 평가하는 기준과 윤활유의 열화 정도를 평가하는 목적으로 활용된다.

전알칼리가 (total base number)

TBN으로 표시하며 시료 1g 중에 함유되어 있는 전알칼리성 성분을 중화하는 데 소요되는 염산 또는 과염소산과 당량의 KOH의 mg수를 말한다.

전염기가 (total base number)

윤활유 중에 함유된 염기성(알카리성) 성분의 양을 나타내며, 시료유 1g 중에 포함되어 있는 염기성 성분을 중화하는 데 필요한 산과 같은 당량의 KOH의 mg수를 말한다.

점도 (viscosity)

액체 내의 전단 속도가 있을 때 내부 저항을 측정하는 기준으로서 단위는 cSt를 사용한다.

점도 지수 (viscosity index)

오일의 점도와 온도 관계를 지수로 나타내는 실험값으로서 나타낸 값으로 점도 지수가 높다는 것은 온도 변화에 대한 점도의 변화가 적다는 것을 나타낸다.

전염기가 (total base number)

TBN으로 표시하며 윤활유 중 알칼리성 성분의 양을 측정하는 기준이 된다.

주도 (cone penetration)

그리스의 굳은 정도를 측정하는 시험으로 경도 또는 침입도라고 표현하며 가압하에서 그리스의 유동성을 표시하는 시험이다. 숫자가 클수록 굳음을 의미한다.

증발량 (evaporation loss)

그리스 중에 함유된 수분과 저 휘발성인 광유의 함유량을 말하며, 99℃에서 22시간 동안 측정한 양이다.

증주제 (thickener)

그리스의 성분으로 액체 윤활제에 분산되어 그리스 특유의 반고체상 성질을 만든다.

첨가제 (additive)

윤활유의 성능 향상을 위하여 기유에 첨가되는 화학 물질들로서 극압 첨가제, 산화 방지제, 마모 방지제, 청정 분산제, 점도 지수 향상제 등이 있다.

침전가 (precipitation number)

시료 10ml와 침전용 나프타 90ml와를 혼합하여 규정 조건 아래에서 원심 분리하였을 때에 생기는 침전물의 ml를 말한다.

합성유 (synthetic oil)

원유의 정제 과정 중 얻어진 나프타(기초유분)나 천연 가스를 원료로 하여 각각의 용도에 맞도록 화학적으로 합성하여 윤활유의 원료로 사용한 것을 말한다.

항유화성 (demulsibility)

수분이 윤활유에 혼입되었을 때 윤활유와 물이 얼마나 빨리 분리하는지를 수치로 나타내며, 물과 윤활유를 각각 40ml을 섞은 후 유화층이 3ml로 되었을 때의 시간을 의미한다.

혼화 안정도 (worked stability)

그리스의 전단 안정성을 평가하는 시험으로 규정된 혼화 장치에 10만 회(28시간) 혼화한 후 25℃의 항온 중탕에 넣어 주도 시험과 동일하게 한다.

혼화주도 (worked penetration)

그리스를 규정된 혼화 장치에 25℃로 유지하여 60회 혼화한 직후에 측정한 주도를 의미한다.

황산회분 (sulfated ash content)

시료가 연소하고 남은 탄산 잔유물에 황산을 가해 황산염으로 정량한 회분 황산회분이라 하며, 윤활유에 함유된 금속제 첨가제의 함량 시험에 사용된다.

회분 (ash content)

윤활유를 공기 중에서 가열하여, 탄소 물질이 될 때까지 연소한 후, 전기로에서 회분화한 잔유물을 의미한다.

국가기술 자격시험을 위한 핵심이론

1-1 마찰과 윤활 특성

(1) Tribology의 정의
- 상대 운동을 하면서 서로 작용하는 면 및 이와 관련된 제 과학적 문제와 실제 응용에 관한 과학과 기술을 의미한다.

(2) 마찰력과 접촉 면적의 관계
- 마찰력은 ($F=\mu W$) 하중에 비례하고, 겉보기 접촉 면적에 무관하다(쿨롱의 법칙).

(3) 마찰력 F의 특성
- 외력과 반대 방향이며 외력보다 적다.
- 접촉 면적에 무관하다.

(4) 정지 마찰과 운동 마찰
- 정지 마찰력 $F_s=\mu_s W$ (μ_s : 정지 마찰 계수)
- 운동 마찰력 $F=\mu W$ (μ : 운동 마찰 계수)

(5) 구름 마찰 시 마찰 저항 F

$$F=\mu_r \frac{W}{r}$$

(μ : 구름 마찰 계수, r : 원통의 반지름, W : 원통상의 부하)
즉 구름 마찰 계수 μ_r는 원통의 반지름에 비례한다.

(6) 윤활의 대표적인 작용
- 감마 작용

(7) 윤활유가 감마 작용을 하는 원인
- 점착성(adhesion)과 응집성(cohesion)의 성질이 있기 때문이다.

(8) 윤활의 목적

- 마찰 경감으로 기계의 효율 향상
- 마모 경감으로 기계의 수명 연장
- 냉각 작용으로 소부 현상 방지와 기계의 소형화
- 마모로 발생된 이물질 제거
- 고점도유를 사용하여 응력 집중을 분산시키는 응력 분산 작용
- 기계의 녹 방지

(9) 광물성 윤활유(석유계)가 가장 많이 사용되는 이유

- 비교적 안정된 가격이다.
- 종류가 다양(점도 小~大)하여 용도 선택 폭이 크다.
- 화학적 안정성이 동식물성 윤활유보다 크다.

(10) 석유 원유의 주성분

- 탄화수소

(11) 석유 원유의 불순물

- 산소, 질소, 황

(12) 석유 원유의 탄소와 수소의 결합 방법에 따른 분류

- 파라핀계 : N-hexane
- 나프텐계 : Cyclo-hexane
- 아스팔트계, 올리빈계 : N-hexane
- 방향족계 : benzene

(13) 반고체 윤활제인 그리스의 장점

- 윤활이 용이하다.
- 윤활제에 의하여 오손되지 않는다.
- 먼 곳의 윤활에 적합하다.

(14) 고체 윤활제의 종류

- 흑연, 황화몰리브덴, 운모, 활석 등

(15) 윤활유의 작용

- 감마 작용, 냉각 작용, 밀봉 작용, 방수 작용, 청정 작용, 응력 분산 작용

(16) 윤활유의 감마 효과

- 고체 마찰에 비하여 경계 윤활 시 마찰 계수 μ값이 1/3 감소, 유체 윤활 시 1/15 감소

(17) 유체 윤활에서 베어링 특성치 $\mu = c\dfrac{\eta N}{p}$ 가 윤활 상태에 미치는 영향

– 베어링 압력 P가 일정할 때

회전수 N이 증가하면 → 전단력이 커지므로 → 열이 발생하며

→ 절대점도 η 는 작아진다(ηN은 일정한 변화).

– 회전수 N은 절대 점도 η 에 반비례하므로 고속 회전 시는 저점도유를 사용한다.

(18) 축과 베어링의 틈새가 클 경우

– 고점도유를 사용한다.

(19) 유체 윤활에서 마찰 계수 μ 와 압력 P가 일정하면

– 회전 속도 N이 증가할수록 저점도유 사용

(20) 마찰 계수 μ 와 회전수 N이 일정하면

– 압력 P가 클수록 고점도유 사용

(21) 베어링에 발생하는 마찰 열량 Q

$$Q = \frac{E}{J} = \frac{\mu W v}{427}$$

E : 마찰 일량(kg · m/sec),   J : 열의 일당량 427(kg · m/kcal)
μ : 미끄럼 마찰 계수,   W : 수직 하중(1kg), v : 미끄럼 속도(m/sec)
윤활에서 마찰로 인한 온도 상승이란 마찰 계수, 면압 및 미끄럼 속도에 비례한다.

(22) 마모의 기본 형태

– 응착 마모(adhesive wear),   – 연마 마모(abrasive wear)
– 부식 마모(corrosive wear),   – 피로 마모(fatigue wear)

(23) Abrasive 마모란

– 단단한 면의 돌기나 입자의 절삭 작용에 의한 마모

(24) Abrasive 마모의 특성

– 재료의 경도 영향
– 단단한 표면 조도의 영향 → 단단할수록 거칠기에 비례하여 마모가 증가
– 단단한 입자량의 영향 → 입자량에 비례하여 마모량이 증가

1-2 윤활유의 점성

(1) 윤활유의 점성

- 유체가 운동할 때 인접한 층 사이의 유체 마찰에 의한 저항력이다.

(2) 점성의 3가지 기본 법칙

- 뉴턴(Newton)의 법칙 　　 - 포와이즈(Poise)의 법칙 　　 - 스토크스(Stokes)의 법칙

(3) 포와이즈 법칙

- 유체의 체적 Q는 반지름 r의 4승과 압력 p에 비례하고, 모세관 길이 ℓ에 반비례한다.

$$Q = \frac{\pi r^4 pt}{8\ell\eta} \quad \therefore \eta = \frac{\pi r^4 pt}{8Q\ell}$$

η : 절대 점도(Poise), 　　 Q : 유체의 체적(cm^3/sec), 　　 r : 모세관 반지름(cm)
ℓ : 모세관 길이(cm), 　　 p : 모세관 압력차(dyne/cm^3)

- 이 원리를 응용한 것이 오스트발트 점도계이다.

(4) 점도의 단위

- 오일의 점도 계수 η를 점도 계수, 상수를 CGS 단위로 표시한 것은 절대 점도(g/cm · sec), 이것을 Poise로 표시
- 1(Poise)＝100(centi-Poise) → cP
- Poise의 단위(dyne-sec/cm^2)

(5) 1Poise

- 운동 표면과 고정 표면 거리가 1cm일 때 면적 $1cm^2$의 표면을 1cm/sec의 속도로 움직이는 데 필요한 힘이 1dyne이 되는 액체의 점도를 말한다.

(6) 국가별 점도계 사용

- 국제표준 : 케넌펜스케 점도계 　　　- 독일 : Engler 점도계
- 미국 : Saybolt 점도계 　　　　　　- 미국, 일본 : Redwood 점도계

(7) 세이볼트 점도계

- Saybolt Universal 점도계 (60cc → 32sec~1000sec 이하에 사용)
  40℃, 100℃(100°F, 210°F)에서 낙하 시간을 측정하여 점도로 정하고 이것을 Saybolt Universal Sec (SUS)로 표시한다.
- Saybolt Furol 점도계 (1000cc 이상의 경우 사용)
  연료 등 고점도 윤활유의 점도 측정 시 사용, 점도는 Saybolt Furol Sec (SFS)로 표시한다.

(8) 레드우드 점도계

- Redwood Standard 점도계 (No.1 점도계)

50cc의 윤활유가 유출하는 데 필요한 초(sec) 측정, Redwood Standard Sec (RSS)로 표시한다.

- Redwood Admiralty 점도계(No.2 점도계) .

No.1호 형의 점도유의 약 $\frac{1}{10}$ 속도 저하, Redwood Admiralty Sec (RAS)로 표시한다.

(9) 앵귤러 점도계

- 68°F(20℃)에서 시료유 200cc가 적하 시 필요한 시간

(10) 온도와 점도의 관계

- 점도는 온도가 상승하면 저하된다.
- 윤활유의 분자는 매우 크므로 점도 변화가 크다.
- 파라핀기 원유에서 정제된 윤활유는 나프텐계 및 아스팔트계에서 정제된 것에 비하여 온도에 의한 점도 변화가 작다.

(11) 점도 지수 (VI)

- 윤활유의 점도 특성을 수치적으로 표현하는 방법
- 석유 제품의 온도에 따른 동점도의 변화 정도를 나타내는 수치로서 점도 지수 (Viscosity Index)가 클수록 온도에 따른 동점도의 변화가 작다.

(12) 점도 지수 계산 방법 개요

- 시료 40℃, 100℃를 측정(cSt)하고, 100℃의 동점도에 대응하는 수치(L, H 또는 D)를 표 또는 계산식에 따라 구한 후, 이 수치와 40℃에서의 동점도를 사용하여 시료의 점도 지수를 산출한다.

(13) 점도 지수 산출법에 따른 분류

- A법 : 점도 지수가 100 이하의 제품
- B법 : 점도 지수가 100 이상의 제품
- 점도 지수가 100 이하 또는 100 이상인지의 예상은
  40℃의 동점도가 H보다 클 때 → 점도 지수 100 이하
  40℃의 동점도가 H보다 작을 때 → 점도 지수 100 이상
  40℃의 동점도가 H와 같을 때 → 점도 지수 100

(14) 점도가 변화(증가)하는 원인

- 온도가 낮아질 때   - 압력이 증가할 때   - 윤활유가 열화될 때

(15) 점도와 비중과의 관계

- 비중은 동일 점도에서 파라핀 성분이 많으면 작고, 나프텐 성분이 많으면 크다.

(16) 윤활유의 유성

- 점도의 견지에서 설명할 수 없는 감마 작용을 유성이라 한다.
- 유성(油性)은 유분자의 금속면에 대한 흡착력, 친화력의 강약이 유성의 좋고 나쁨을 좌우한다.
- 유성과 경계 마찰 계수와의 관계식은
  유성＝100－(경계 마찰 계수×100)이 된다. 즉, 마찰 계수가 작을수록 유성이 좋다.

(17) 유성을 향상시키는 성분

- 파라핀계 성분   - 래커(유용성(油溶性)슬러지)   - 동식물섬유   - 유성 향상제

(18) 유성을 결정하는 원인

- 온도의 고저   - 열화의 정도   - 오일의 품질   - 마찰면 금속의 종류

(19) 윤활유의 점도와 유성과의 관계

- 유체 윤활은 점도가 중요하고 유성은 관련이 적다.
- 경계 윤활은 유성이 중요하고 점도는 관련이 적다.

항 목	점 도	유 성
유체 윤활	중요	×
경계 윤활	×	중요
윤활유 조성	파라핀계가 VI 높다.	파라핀계가 양호
온도	반비례	비례에서 반비례
열화 정도	비례	비례에서 반비례
마찰면 금속	×	매우 관계가 깊다.
마찰 계수	비례	반비례

(20) 표면 장력(surface tension)

- 액체는 항상 표면적을 작게 하려는 성질을 가지므로 액체의 이와 같은 장력을 말한다.

(21) 계면 장력(interfacial tension)

- 불용성인 두 액체의 접촉면의 장력

(22) 표면 활성제

- 액체의 계면 장력을 변화시키는 것

1-3 윤활 관리

(1) 윤활제의 사용 목적

- 마찰과 마모의 감소
- 이물질의 흡입 방지 또는 배제
- 발생열의 발산
- 부식이나 녹 발생의 방지

(2) 윤활유 윤활과 그리스 윤활의 비교

- 속도 : 윤활유는 중 · 고속, 그리스는 저 · 중속
- 마찰 : 윤활유는 小, 그리스는 大
- 냉각 효과 : 윤활유는 양호, 그리스는 불량

(3) 윤활유 점도에 따른 선정

- 고속 → 저점도유
- 경하중 → 저점도유
- 저속 → 고점도유
- 고온 → 고점도유
- 중하중 → 고점도유
- 저온 → 저점도유

(4) 첨가제 유무의 필요 성상

첨가제 \ 윤활유	베어링유	기어유(기계유)	유압유
산화 방지제	○	○	○
유성 향상제	○		
점도 지수 향상제			△
내마모제	○		△
극압제		○	△
방청제	○	○	○
소포제	○	○	○

(5) 그리스 윤활 시 요구 기준

- 그리스는 적정 주도가 선정 기준의 기본이 된다.
- 윤활유와는 달리 그리스를 요구하는 증주제(금속 비누 등)의 종류에 따라 다른 성질을 나타내므로 사용 조건을 결정 후 적정 주도를 선정한다.

(6) 그리스의 주도 표시

- NLGI(The National Lubricating Grease Institute) 주도를 나타낸다.
- NLGI 번호는 000, 00, 0, 1, 2, 3, 4, 5, 6이 있다.

(7) 그리스 번호와 주도

NlGI 번호	주도(ASTM)	NLGI 번호	주도(ASTM)
000	445-475	3	220-250
00	440-430	4	175-205
0	335-385	5	130-160
1	310-340	5	130-160
2	265-295	6	85-115

- 그리스의 NLGI 번호가 클수록 주도가 낮다.
- 점도와 주도의 끈끈한 정도를 비교하면
  고점도율 ⇒ 주도 번호 높고 ⇒ 주도(ASTM)가 작다.
- dn값 ⇒ 주도 변화가 클수록 dn값이 작다.
- 하중 ⇒ 주도 번호가 클수록 큰 하중
- 온도 ⇒ 주도 번호가 클수록 고온

(8) 롤러 베어링용 윤활제의 사용

- 윤활유와 그리스가 사용됨   - 이물 침입 방지
- 부식, 녹 방지   - 볼, 롤러, 케이지(리테이어)   - 열의 방산

(9) 롤러 베어링용 그리스의 적정 주도

- 일반적으로 NLGI No.2이나 조건에 따라 No.3도 쓰인다.

(10) 윤활유의 적유 선정

- 점도   - 경계 마찰 특성   - 기타 품질

(11) 유압 장치의 효율을 높이기 위해서 윤활유 선정 시 가장 중요한 항목

- 점도

(12) 무단 변속 시의 요구되는 성상

- 점도 지수가 클 것   - 내하중성이 클 것
- 부식성이 없을 것   - 산화 안정성이 좋은 것   - 기포가 적을 것

(13) 가솔린 기관 및 고속 디젤 기관의 크랭크 케이스유 선정

- API 서비스 분류에 의하여 선택

(14) 가솔린 및 고속 디젤

- SAE 번호에 의하여 선택

(15) 직결식 터빈에서 적정 터빈유 선정

- ISO VG100

(16) 기어 감속 시 터빈유의 표준(적유)

- ISO VG 150

(17) 터빈의 베어링, 기어 윤활유 선정(적유)

- ISO VG 150

(18) 공기압축기(10kg_f/cm^2 이하) 내부유의 적정 점도
- ISO VG 68 터빈유 정도

(19) 송풍기의 적유
- KS 터빈 급유의 윤활유

(20) 진공 펌프의 적유
- 공기 압축기의 윤활유에 준하나 DOP 등의 합성유

(21) 냉동기의 적유
- 원심형인 경우 KS 터빈 급유의 윤활유

(22) 공작 기계의 섭동면에서 발생하기 쉬운 현상
- 부착(Stick Slip) 현상　　　　　　 - 도약(Jump) 현상

(23) 하역 운반 기계의 적정 그리스 주도 번호
- 집중 급유 개소에서는 → 0호　　　　　　 - 기타 급유 개소에서는 → 2,(3)호

(24) 플러싱(Flushing)
- 새로운 기계의 순환 계통에 처음으로 윤활유를 넣는 경우
- 순환 기름이 오염되어 재생해야 하는 경우
- 신유와 교환하는 경우에는 기름의 순환 계통 및 크랭크실 등을 충분히 세척하기 위하여 세척제 또는 세척유를 사용하여 슬러지 또는 이물질을 깨끗이 세척하는 작업을 의미한다.

(25) 플러싱 시기
- 윤활 계통의 제작이나 조립 시
- 운전 개시 시
- 베어링이나 윤활 계통의 개방 검사 또는 윤활의 교환 시

(26) 플러싱의 목적
- 윤활유 순환 계통에 부착, 침전된 각종 불순물, 슬러지, 수분 등을 제거함으로써 사용 윤활유의 열화 방지와 활동면의 부식, 마모의 감소
- 엔진 사용유를 신유와 교환하는 경우 순환 계통에 잔류하는 열화유를 완전 제거하는 것이 유효한 수단이다.

(27) 플러싱유의 구비 조건
- 경질의 나프텐계 성분으로 주로 광물유가 사용

- 청정 분산제와 방수 첨가제가 상용됨.
- 저점도, 고인화점, 고온 청정 분산성, 방수성이 우수할 것

(28) 윤활유 펌프가 엔진에서 독립해 있는 경우 플러싱 방법

- 플러싱 유를 65~80℃에서 가열하여 순환시킨다.
- 2시간 순환, 1시간 휴식의 요령으로 3회 이상 반복
- 순환 초기 여과기의 청소는 자주 하며 여과기, 원심 분리기 등에서 불순물은 제거한다.
- 순환 계통 이외의 오염 부분은 호스로 세척한다.
- 여과 시 원심 분리기 등의 청정 상태로 보아 세척 확인 후 플러싱유를 빼낸다.
- 치환유(운전용 신유에 첨가제를 가한 오일)를 50~75% 만큼 주입하여 약 60℃에 가
  열하여 순환시킨다.
- 가끔 엔진을 회전시켜 위상을 바꾼다.
- 치환법에 의한 세척 시간은 2~4시간이 좋다.
- 치환유를 빼내는 대신에 운전용 신유를 규정 유량만큼 기름 탱크에 공급한다.

(29) 윤활유 펌프가 엔진 구동 시 플러싱 방법

- 엔진을 저속 회전시켜 약 60℃ 정도의 가열유를 순환시킨다.
- 순환 시간은 200~800HP 정도의 엔진에서 4~12시간
- 순환 중 여과기를 교체하면서 청소하고 불순물을 제거
- 순환 계통 이외의 오염 부위는 호스로 세척
- 엔진을 정지시켜 순환유를 빼내는 대신 운전용 신유를 규정 유량만큼 공급한다.

(30) Flushing 효과

- 엔진 외부를 분해하지 않으므로 사람 손이 별로 필요 없으므로 경비가 적게 든다.
- 사용 윤활유의 열화, 엔진 마모 및 부식에 대한 방지 효과가 우수하다.

(31) 간단한 방법으로 플러싱 효과를 얻는 액

- Conflush액

(32) 콘플러시의 효과

- 비교적 소형 디젤 엔진 또는 가솔린 엔진의 플러싱에 적합

(33) 콘플러시 액체의 성상

- 휘발성 액체 유기물에 청정 분산제, 방청제, 극압 첨가제를 첨가 배합한 자극취(刺戟
  臭)가 있고, 용해력이 강한 액체이다.
- 비중 1.2~1.3이며 중성으로 불연성이다.

❧ 참 고 문 헌 ❧

전대희, 『윤활과 윤활제』, 한국해양대학, 1970.

정선모, 『윤활공학』, 동명사, 1988.

최부희, 『설비진단』, 한국산업인력공단, 2007.

최부희, 『설비진단실기』, 한국산업인력공단, 2007.

한국산업안전공단, 『윤활유 분석에 의한 고장진단 기술지침』, 2003.

한국쉘석유(주), 『제품설명서』.

한국유화시험검사소, 『산업기계의 윤활』, 1987.

한국유화시험검사소, 『윤활기술』, 1989.

한국유화시험검사소, 『윤활제와 윤활관리』, 1989.

한국표준과학연구원, 『국제단위계 해설』, 1992.

C. A. Bailey, J. S. Aarons, 『The Lubrication Engineers Manual』, USS, 1971.

KS M 2001~2032.

~ 찾 아 보 기 ~

윤활관리기술

2010년 3월 20일 1판1쇄
2015년 4월 25일 1판3쇄

저   자 : 최부희
펴낸이 : 이정일

펴낸곳 : 도서출판 **일진사**
www.iljinsa.com
140-896 서울시 용산구 효창원로 64길 6
전화 : 704-1616 / 팩스 : 715-3536
등록 : 제1979-000009호 (1979.4.2)

값 14,000원

ISBN : 978-89-429-1143-1